高等职业教育"十三五"规划教材

水利工程测量实训

主　编　陈　涛
副主编　缑慧娟　邹　宇

中国水利水电出版社
www.waterpub.com.cn
·北京·

内 容 提 要

　　本书是水利工程测量课程的配套实训教材，是在总结多年教学经验的基础上，结合作者的实际工作经验编写而成。主要内容包括工程测量的基本操作方法和各种测量工作的基本作业方法。本书分为三部分，第一部分为测量实训，第二部分为习题，第三部分为附录。不同的院校和专业可根据自身教学计划进行针对性的教学安排和取舍。

　　本书可作为高职高专院校水利水电工程、工程测量、土木工程、工程地质勘查及相关专业的教材，也可作为有关技术人员的参考用书。

图书在版编目（CIP）数据

水利工程测量实训／陈涛主编 . —北京：中国水利水电
出版社，2019.8（2024.12重印）.
高等职业教育"十三五"规划教材
ISBN 978-7-5170-7783-1

Ⅰ.①水... Ⅱ.①陈... Ⅲ.①水利工程测量－高等职
业教育－教材 Ⅳ.①TV221

中国版本图书馆 CIP 数据核字（2019）第 131405 号

书　名	高等职业教育"十三五"规划教材 **水利工程测量实训** **SHUILI GONGCHENG CELIANG SHIXUN**
作　者	主　编　陈　涛 副主编　缑慧娟　邹　宇
出版发行	中国水利水电出版社 （北京市海淀区玉渊潭南路 1 号 D 座　100038） 网址：www. waterpub. com. cn E-mail：zhiboshangshu@163.com 电话：（010）62572966-2205/2266/2201（营销中心）
经　售	北京科水图书销售有限公司 电话：（010）68545874、63202643 全国各地新华书店和相关出版物销售网点
排　版	北京智博尚书文化传媒有限公司
印　刷	三河市龙大印装有限公司
规　格	185mm×260mm　16 开本　10.25 印张　254 千字
版　次	2019 年 8 月第 1 版　2024 年 12 月第 5 次印刷
定　价	28.00 元

F 前 言
FOREWORD

教育部提出启用"1+X"证书制度，鼓励职业院校学生在获得学历证书的同时，积极取得多类职业技能等级证书。本书依据《工程测量员国家职业标准》，结合水利水电建筑工程、建筑工程技术、工程造价、工程地质勘查等专业的教学大纲及课程标准编写了相应的实训项目，较好地适应了高等职业教育的特点和需求，注重原理性、基础性，体现了实训指导的特点，有很强的针对性和实用性。本书重点介绍了工程测量的基本操作和各种测量工作的基本作业方法。在兼顾传统测量技术的同时，依据最新的测量规范，舍弃了陈旧的测量方法，新增了全站仪、GNSS-RTK测量、数字化测图等实训项目。

本书共分三部分：第一部分为测量实训；第二部分为习题；第三部分为附录，包括《中华人民共和国测绘法》和《工程测量员国家职业标准》（节选）两项内容。不同的院校和专业，可根据其教学计划和专业特点进行有针对性的安排与选择。

本书由贵州水利水电职业技术学院的陈涛老师担任主编，猴慧娟、邹宇两位老师担任副主编，刘波、何清平参编。具体分工为：陈涛编写前言、实训十九、二十、二十五至二十九以及习题五、六、八、九、十；猴慧娟编写实训一至五、七至九、十八以及习题一、二；邹宇编写实训十一至十七、二十一至二十四以及习题三、四、七；刘波编写实训六、十以及汇编附录A；何清平编写习题十一和汇编附录B。李高翔、石之依、刘继庚、闫星光、邓仕雄协助完成了图表绘制、整理书稿、文稿校对等工作。全书由陈涛统稿。

本书在编写过程中参阅了大量的文献，引用了同类书刊的部分资料，在此，谨向有关作者表示衷心的感谢！贵州水利水电职业技术学院工程测量教研室全体老师提供了大量帮助，在此也深表谢意！

由于编者水平有限，书中难免有疏漏之处，敬请专家和广大读者批评指正。

编 者
2019 年 4 月

C 目录 CONTENTS

工程测量实训须知

一、实训目的

水利工程测量是一门实践性很强的技术基础课，理论教学和测量实训是工程测量教学中不可缺少的环节。通过工程测量实训，使学生巩固和验证课堂上所学的测量基本理论知识，熟悉测量基本方法，掌握测量仪器操作步骤和要领，提高学生动手操作能力和运用基本知识解决工程实际问题的能力，形成工程测量员、施工员等岗位的职业素养，具备考取工程测量员初级工、中级工、高级工职业资格证书的知识和技能，为今后从事工程测量、工程施工等相关工作奠定基础。

二、测量实训要求

（1）在实训之前，必须复习教材中的有关内容，以明确目的、了解任务、熟悉实训步骤或实训过程，注意有关事项，并准备好所需文具用品。

（2）实训分小组进行，由班长向任课老师提供分组名单，指定小组负责人，组织协调实训工作，办理所用仪器工具的借领、保管和归还手续。

（3）测量实训是集体学习行动，不得无故缺席或迟到早退；应在指定的场地进行，不得擅自改变地点或离开现场。

（4）必须遵守"测量仪器工具的借领与使用规则""测量记录规则"以及"测量计算规则"。

（5）在实训中，认真观看指导老师的示范操作；在使用仪器时应严格按照操作规程进行。

（6）服从老师的指导，严格按照要求认真、按时、独立地完成任务。每项实训都应取得合格的成果，提交书写工整、规范的实训报告或实训记录。

（7）在实训过程中，应遵守纪律，爱护现场的花草、树木，爱护周围的各种公共设施，踩踏或损坏者应予以赔偿。

三、测量仪器工具的借领与使用规则

测量仪器都是比较贵重的设备，尤其是目前在向精密光学、机械化、电子化方向发展而使其功能日益先进的同时，其价格也更昂贵。对测量仪器工具的正确使用、精心爱护和科学保养，是测量人员必须具备的素质和应该掌握的技能，也是保证测量成果质量、提高测量工作效率和延长仪器工具使用寿命的必要条件。

在使用测量仪器时，应养成良好的工作习惯，严格遵守下列规定。

（一）仪器工具的借领

（1）实训时，凭学生证到仪器室办理借领手续，以小组为单位领取仪器工具。

（2）借领时应该当场清点检查：实物与清单是否相符，仪器工具及其附件是否齐全，背带及提手是否牢固，脚架是否完好，等等。如有缺损，可以补领或更换。

（3）离开借领地点之前，必须锁好仪器箱并捆扎好各种工具。搬运仪器工具时，必须轻取轻放，避免剧烈振动。

（4）借出仪器工具之后，不得与其他小组擅自调换或转借。

（5）实训结束后，应及时收装仪器工具，清除接触地面的部件（脚架、尺垫等）上的泥土，送还借领处检查验收，办理归还手续。如有遗失或损坏，应写出书面报告说明情况，并按有关规定给予赔偿。

（二）仪器的安装

（1）在三脚架安置稳妥之后，方可打开仪器箱。开箱前应将仪器箱放在平稳处，严禁托在手上或抱在怀里。

（2）打开仪器箱之后，要看清并记住仪器在箱中的安放位置，避免以后装箱困难。

（3）提取仪器之前，一手扶住仪器一手拧连接螺旋，最后旋紧连接螺旋，使仪器与三脚架连接牢固。

（4）装好仪器之后，应随即关闭仪器箱盖，防止灰尘和湿气进入箱内。严禁坐在仪器箱上。

（三）仪器的使用

（1）仪器安置稳妥之后，不论是否操作，必须有人看护，做到仪器不离人，防止无关人员搬弄或行人、车辆碰撞。

（2）在打开物镜时或在观测过程中，如发现镜头上有灰尘，可用镜头纸或软毛刷轻轻拂去，严禁用手指或手帕等物擦拭镜头，以免损坏镜头上的镀膜。观测结束后应及时套好镜盖。

（3）转动仪器时，应先松开制动螺旋，再平稳转动。使用微动螺旋时，应先旋紧制动螺旋。

（4）制动螺旋应松紧适度，微动螺旋和脚螺旋不要旋到顶端，尽可能在螺旋的中间部分使用，使用各种螺旋都应均匀用力，以免损伤螺纹。

（5）在野外使用仪器时，应该撑伞，严防日晒和雨淋。

（6）观测时，不要手扶或碰动三脚架，不要"骑马"观测。

（7）使用全站仪前，应检查仪器电池的电量，确保正常使用。

（8）必须使用与全站仪配套的反射棱镜测距。

（9）在仪器发生故障时，应及时向指导老师报告，不得擅自处理。

（四）仪器的搬迁

（1）全站仪和经纬仪在迁站时，不论距离远近，必须将仪器装箱之后再搬迁。

（2）水准仪在迁站时，可将仪器连同三脚架一起搬迁。收拢三脚架，左手握住仪器基座或支架放在胸前，右手抱住三脚架放在肋下，稳步行走。严禁斜扛仪器，以防碰撞。

（3）搬迁时，小组其他人员应协助观测员带走仪器箱和有关工具。

（五）仪器的装箱

（1）每次使用仪器之后，应及时清除仪器上的灰尘及三脚架上的泥土。

（2）仪器拆卸时，应先将仪器脚螺旋调至中间的位置，再一手扶住仪器，一手松开连接螺旋，双手取下仪器。

（3）仪器装箱时，应先松开各制动螺旋，使仪器就位正确，试关箱盖确认放妥后，再拧紧制动螺旋，然后关箱上锁。若合不上箱口，切不可强压箱盖，以防压坏仪器。

（4）清点所有附件和工具，防止遗失。

（六）测量工具的使用

（1）钢尺的使用：应防止扭曲、打结和折断，防止行人踩踏或车辆碾压，尽量避免尺身着水。携尺前进时，应将尺身提起，不得沿地面拖行，以防损坏刻划。用完钢尺应擦净、涂油，以防生锈。

（2）皮尺的使用：应均匀用力拉伸，避免着水、车压。如果皮尺受潮，应及时晾干。

（3）各种标尺、花杆的使用：应注意防水、防潮，防止受横向压力，不能磨损尺面刻划，不用时要安放稳妥。塔尺使用时，还应注意接口处的正确连接，用后及时收尺。

（4）测图板的使用：应注意保护板面，不得乱写乱扎，不能施以重压。

（5）小件工具如垂球、测钎、尺垫等的使用：应用完即收，防止遗失。

（6）一切测量工具都应保持清洁，专人保管搬运，不能随意放置，更不能作为捆扎、抬、担的他用工具。

四、测量记录规则

测量记录是对外业观测成果的记载，是内业数据处理的依据。在测量记录或计算时必须严肃认真、一丝不苟，严格遵守下列规则。

（1）在测量记录之前，准备好硬芯（2H或3H）铅笔，同时熟悉记录表上各项内容及填写、计算方法。

（2）记录观测数据之前，应将记录表头的仪器型号、日期、天气、测站、观测者及记录者姓名等无一遗漏地填写齐全。

（3）观测者读数后，记录者应随即在测量记录表的相应栏内填写，并回报检核。不得另纸记录事后转抄。

（4）记录时要求字体端正清晰、数位对齐、数字对齐。字体的大小一般占格宽的 1/2 ~ 2/3，字脚靠近底线；表示精度或占位的 "0"（例如，水准尺读数 1.600 或 0.234，度盘读数 65°02′00″）均不可省略。

（5）观测数据的尾数不得更改，读错或记错后必须重测重记。例如，角度测量时，秒级数出错，应重测该测回；水准测量时，毫米级数字出错，应重测该测站；钢尺量距时，毫米级数字出错，应重测该尺段。

（6）观测数据的前几位若出错时，应用细横线划去错误的数字，并在原数字上方写出正确的数字。注意不得涂擦已记录的数据。禁止连环更改数字，如水准测量中的黑、红面读数，角度测量中的盘左、盘右，距离丈量中的往、返量，等等，均不能同时更改，否则重测。

（7）记录数据修改或观测成果作废后，都应在备注栏内写明原因（如测错、记错或超限等）。

（8）每站观测结束后，必须在现场完成规定的计算和检核，确认无误后方可迁站。

（9）应该保持测量记录的整洁，严禁在记录表上书写无关内容，更不得丢失记录表。

五、测量计算规则

为避免凑整误差的迅速积累而影响测量成果的精度，在计算中通常用以下的凑整规则，它与习惯上的"四舍五入"规则基本上相同。

（1）若数值中被舍去部分的数值大于所保留的末位的 0.5，则末位加 1。

（2）若数值中被舍去部分的数值小于所保留的末位的 0.5，则末位不变。

（3）若数值中被舍去部分的数值等于所保留的末位的 0.5，则末位凑整成偶数。

上述规则也可归纳为：大于 5 者进，小于 5 者舍，正好是 5，则看前面为奇数或偶数而定，为奇数时进，为偶数时舍。

例如，将下列数字凑整成小数点后三位。

原有数字	凑整后数字
3.159 499	3.159
4.756 501	4.757
4.756 5	4.756
4.755 5	4.756

第一部分
测量实训

实训一　自动安平水准仪的认识和使用

一、实训目的

（1）认识自动安平水准仪的一般构造。
（2）熟悉自动安平水准仪的基本操作方法。
（3）掌握高差测量的方法。

二、仪器与工具

自动安平水准仪 1 台，脚架 1 个，水准尺 1 对，记录板 1 个。

三、实训内容

（1）认识水准仪的结构。
（2）水准仪的基本操作。
（3）两点之间的高差测量。

四、实训要求

（1）进行两点之间高差测量时，要求仪器距两点的距离大致相等。
（2）两次高差之差不超过 5 mm。

五、实训方法与步骤

1. 认识水准仪的结构

实训图 1 所示为自动安平水准仪结构，主要部件的功能如下。

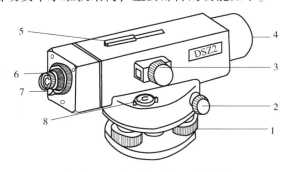

实训图 1　自动安平水准仪结构

1—脚螺旋；2—微动螺旋；3—物镜调焦螺旋；4—物镜；5—照准器；6—目镜调焦螺旋；

7—补偿器检查按钮；8—圆水准器

（1）脚螺旋：用于仪器的粗略整平。

（2）目镜调焦螺旋：使望远镜内的十字丝清晰。

（3）物镜调焦螺旋：使物像清晰。

（4）微动螺旋：使十字丝对准水准尺。

（5）圆水准器：使水准仪竖轴处于铅垂位置。

（6）自动倾斜补偿装置：使仪器处于水平位置。

2. 水准仪的基本操作

（1）安置仪器。将三脚架张开，架头大致水平，高度适中，使脚架稳定（踩紧），然后用连接螺丝将水准仪固定在脚架上。

（2）粗略整平。如实训图2（a）中，先将气泡自 a 移到 b，相向旋转①、②两个脚螺旋（脚螺旋①逆时针旋转，脚螺旋②顺时针旋转），直至气泡处在 b 位置，此时两个脚螺旋的连线方向处于水平位置。在这个过程中，左手大拇指转动的方向就是气泡移动的方向，然后单独旋转脚螺旋③，如实训图2（b）所示，使气泡沿原来两个脚螺旋连线的垂线方向居中。

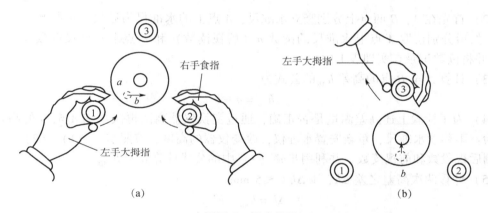

实训图2　粗略整平

脚螺旋粗略整平操作的三条要领：先旋转两个脚螺旋，然后旋转第三个脚螺旋；旋转两个脚螺旋时，必须作相对的转动，即左右脚螺旋旋转方向相反；气泡移动的方向始终和左手大拇指移动的方向一致。

（3）照准。用准星和缺口来粗略照准目标；转动微动螺旋，精确照准水准尺。通过调节目镜和物镜调焦螺旋消除视差。消除视差时要仔细进行物镜对光，使水准尺看得最清楚，这时若十字丝不清楚或出现重影，须旋转目镜调焦螺旋，直至完全消除视差为止。

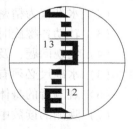

读数为1.305 m

实训图3　照准和读数

（4）读数。以十字丝横丝为准读出水准尺上的数值。读数前，要将水准尺的分划、注记分析清楚，找出最小刻度单位和整分米、整厘米的分划及米数的注记。先估读毫米数，再读出米、分米、厘米数，记录四位数。要特别注意不要错读单位和发生漏0现象。如实训图3所示。

3. 高差测量

（1）如实训图 4 所示，选择相距 50 m 的 A、B 两点，设 A 至 B 为前进方向，将仪器安置在距 A、B 两点距离相等的位置，并整平水准仪。

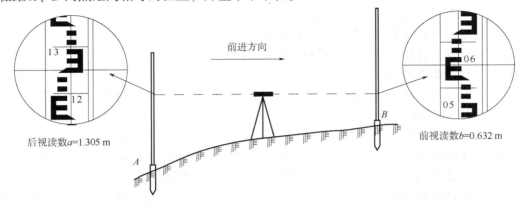

后视读数 a=1.305 m   前进方向   前视读数 b=0.632 m

实训图 4　高差测量

（2）首先在 A、B 两点上分别竖立水准尺，A 点上的水准尺为后尺，B 点上的水准尺为前尺；然后分别读取 A 点上水准尺的读数 a（后视读数）和 B 点上水准尺读数 b（前视读数），并将读数记录在实训表 1 中。

（3）计算 A 至 B 点的高差 h_{AB} 的公式为

$$h_{AB} = a - b$$

（4）为了检验上述高差测量是否正确，通过变换仪器高法再次观测 A 至 B 的高差。其方法为：不移动水准尺，重新安置水准仪，改变仪器的高度，按照步骤（1）、（2）、（3）重新观测后视段数和前视读数，并利用步骤（3）中的公式计算高差 h'_{AB}。

（5）计算两次高差之差 Δh，$|\Delta h| \leqslant 5$ mm。

$$\Delta h = h_{AB} - h'_{AB}$$

若不满足要求，则进行重新观测。

六、注意事项

（1）安置仪器时应将仪器中心连接螺旋，防止仪器从脚架上脱落下来。

（2）水准仪为精密光学仪器，在使用中要按照操作规程作业，各个螺旋要正确使用。

（3）转动各螺旋时要稳、轻、慢，不能用力太大。

（4）发现问题，及时向指导老师汇报，不能自行处理。

（5）水准尺必须有人扶着，决不能放在墙边或靠在电杆上，以防摔坏。

（6）观测者的身体部位不得接触脚架。

（7）观测的读数中厘米和毫米为不能修改，若读错，则要进行重新观测。

七、实训记录

高差测量记录表见实训表 1。

实训表 1 高差测量记录表

仪器型号：　　　　　　　　天气：　　　　　　　　观测者：

日　　期：　　　　　　　　呈像：　　　　　　　　记录者：

安置仪器次数	测　点	后视读数/m	前视读数/m	高差/m	备　注

实训二　连续水准测量

一、实训目的

（1）熟练操作自动安平水准仪。
（2）熟悉连续水准测量的施测方法。
（3）掌握连续水准测量高差的计算方法。

二、仪器与工具

自动安平水准仪 1 台，脚架 1 个，水准尺 1 对，尺垫 1 对，记录板 1 个。

三、实训内容

如实训图 5 所示，已知 A 点的高程为 H_A，测定 A 点至距离较远的一点 B 的高差 h_{AB}。

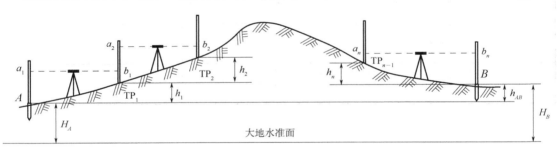

实训图 5　连续水准测量

四、实训要求

（1）各测站上，水准仪距前、后尺的距离大致相等，视线长度不超过 100 m。
（2）A 点至 B 点测段观测的测站数 n 为偶数，$n \geqslant 6$。

五、实训方法与步骤

（1）如实训图 5 所示，将 1 号水准尺立于水准点 A 上，作为后视尺。
（2）将水准仪安置于水准路线的适当位置，并在路线前进方向上的适当位置放置尺垫（转点），在尺垫上竖立 2 号水准尺作为前视尺。保证仪器到两水准尺的距离大致相等或满足相应等级规范要求。
（3）整平水准仪，照准后视标尺，消除视差，读取后视尺中丝读数 a_1，并记录在实训表 2 中。

（4）转动水准仪照准部，照准前尺，消除视差，读取前视尺中丝读数 b_1，并记录在实训表2中，同时计算两点之间的高差 h_1（$h_1 = a_1 - b_1$），结果保留至毫米位。

（5）将仪器迁至第二站，此时，第一站的前尺（2号水准尺）不动，变为第二站的后尺，第一站的后尺（1号水准尺）移至前面适当位置，并作为第二站的前尺，按照第一站相同的观测程序进行测量。

（6）沿水准路线前进方向观测完毕。

（7）计算 A 点至 B 点的高差 h_{AB}。

$$h_{AB} = h_1 + h_2 + \cdots + h_n = \sum_{i=1}^{n} h_i$$

（8）根据下式检核步骤（7）中高差计算是否正确。

$$h_{AB} = (a_1 - b_1) + (a_2 - b_2) + \cdots + (a_n - b_n) = \sum_{i=1}^{n} a_i - \sum_{i=1}^{n} b_i$$

六、注意事项

（1）每测站上读取前后视读数均为中丝读数，中丝读数一律取四位数，记录者也应记满四个数字，"0"不可省略。

（2）扶尺者要将尺扶直，与观测人员配合好，选择好立尺点。

（3）水准测量记录表中严禁涂改、转抄。

（4）读数时要消除视差。

（5）读完上一站前视尺读数后，在下一站的测量工作未完成之前绝对不能碰动尺垫或弄错转点位置，禁止出现如实训图6所示的情况。

（6）测站数 n 为偶数。

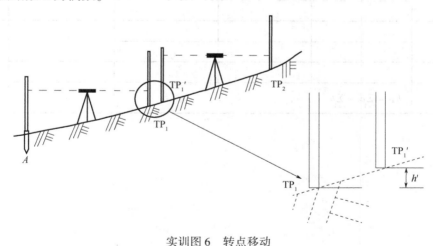

实训图6　转点移动

七、实训记录

连续水准测量记录表见实训表2。

实训表 2　连续水准测量记录表

仪器型号：　　　　　　　　　　天气：　　　　　　　　　　观测者：

日　期：　　　　　　　　　　呈像：　　　　　　　　　　记录者：

测　站	测　点	后视读数/m	前视读数/m	高差/m	备　注
Σ					
检核计算	$h_{AB} = \sum\limits_{i=1}^{n} a_i - \sum\limits_{i=1}^{n} b_i =$				

实训三　视线高法高程测量

一、实训目的

（1）熟悉水准仪的使用方法。
（2）掌握视线高法高程测量的施测方法。
（3）掌握视线高法及各高程点高程的计算方法。

二、仪器与工具

自动安平水准仪 1 台，脚架 1 个，水准尺 1 对，记录板 1 个。

三、实训内容

如实训图 7 所示，已知 BM_1 的高程，利用视线高法进行高程测量。

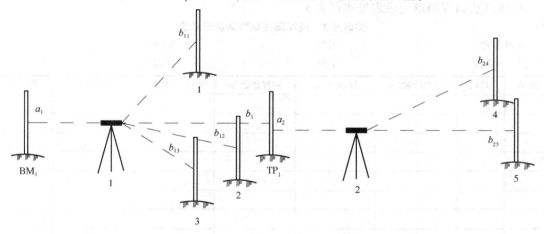

实训图 7　视线高法高程测量

四、实训要求

（1）如实训图 7 所示，以 BM_1 为后视点，利用视线高法观测多个点的高程，并转站一次进行其他水准点的高程测量。
（2）各测站观测间视点个数不少于 4 个。
（3）视线长度不超过 100 m。

五、实训方法与步骤

（1）如实训图 7 所示，BM_1 作为后视点并安置水准尺，将仪器安置在合适的位置上，

进行第一站观测，后视读数为 a_1，此时仪器的

$$视线高 = 后视读数 a_1 + 已知点高程$$

（2）将水准尺分别移至 1、2、3 和 TP_1 点上，并读取水准尺中丝读数，其中 1、2、3 点上水准尺中丝读数称为间视读数（不进行下一站高程传递），TP_1 点上水准尺中丝读数称为前视读数（作为水准点又传递高程），则有

$$各点高程 = 视线高 - 前视读数/间视读数$$

（3）以 TP_1 为后视点，按照步骤（1）、（2）完成第二站的观测，并计算视线高和高程。

六、注意事项

（1）前、后视读数须读至毫米位，间视读数一般可读至厘米位。

（2）视线长不超过 100m。

（3）在同一测站上观测时，禁止移动水准仪。

（4）进行观测时，各测点上不放尺垫。

（5）在计算高程时，用的视线高是指本测站的水准仪水平视线高度。

七、实训记录

视线高法高程测量记录表见实训表3。

实训表3　视线高法高程测量记录表

仪器型号：　　　　　　　　天气：　　　　　　　　观测者：

日　　期：　　　　　　　　呈像：　　　　　　　　记录者：

测站	测点	后视读数/m	视线高/m	间视读数/m	前视读数/m	高程/m	备　注

实训四　普通水准测量

一、实训目的

（1）掌握普通水准测量的外业施测方法。

（2）能够独立进行水准测量高程计算。

二、仪器与工具

自动安平水准仪1台，脚架1个，水准尺1对，尺垫1对，记录板1个。

三、实训内容

（1）如实训图8所示，完成1条闭合水准路线或附合水准路线测量，观测数据填写在实训表4中。

（2）观测精度满足要求后，绘制水准路线图，并根据观测数据完成各水准点的高程计算。

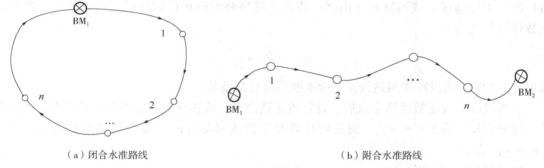

（a）闭合水准路线　　　　　　　　　　　　（b）附合水准路线

实训图8　水准路线图

四、实训要求

（1）水准路线中总测站数不少于8个。

（2）水准路线中测段数不少于4个，且每个测段中测站数为偶数站。

（3）每测站的视线长度不超过100 m。

（4）水准路线高差闭合差f_h的计算公式如下：

1）附合水准路线

$$f_h = \sum h_{测} - (H_{终} - H_{始})$$

2）闭合水准路线

$$f_h = \sum h_{测}$$

按照上述公式计算的高差闭合差应满足$|f_h| \leqslant |f_{h允}|$，若不满足，则要求重测。

$$\begin{cases} \text{平原} f_{h\text{允}} = \pm 40 \sqrt{L} \\ \text{山地} f_{h\text{允}} = \pm 12 \sqrt{N} \end{cases}$$

（5）独立完成水准测量的高程计算。

五、实训方法与步骤

（1）确定水准路线的前进方向。

（2）从水准路线的起点开始进行第一测段的观测，具体施测方法参照本书中实训二连续水准测量。

（3）按照步骤（2）中的观测方法依次完成其余测段的观测。

（4）计算各测段的高差 h_i。各测段高差等于各测段中每测站高差之和。

（5）按照闭合或者附合水准路线高差闭合差计算公式计算高差闭合差 f_h，并判断闭合差是否满足要求，若满足要求，则进行水准测量高程计算；若不满足要求，则按照以下方法进行检查或者重新观测。

1）检查数据是否计算正确。

2）对水准路线进行重新观测，直至高差闭合差满足规范要求。

（6）水准路线高程计算。

1）计算观测高差的改正数。水准路线高差闭合差分配的原则是将闭合差按各测段的测段长度（平原地区）或测站数（山区）成正比反号分配到相应测段的观测高差上，高差改正数计算公式为

$$v_i = -\frac{f_h}{N} \times n_i$$

式中：n_i 为第 i 测段路线测站数，N 为水准路线总测站数。

各测段高差改正数计算完以后，计算改正数之和，检核该数值是否和高差闭合差大小相等、符号相反，若 $\sum v_i \neq -f_h$，则重新计算改正数或对部分改正数进行微小的调整，直至 $\sum v_i = -f_h$ 为止。

2）计算改正后的高差。

由步骤（4）中计算出的每测段实测高差 h_i 加上相应的高差改正数 v_i 便得改正后的高差 $\hat{h}_i$，计算公式为

$$\hat{h}_i = h_i + v_i$$

式中：h_i 为第 i 测段路实测高差；v_i 为第 i 测段路实测高差的改正数；$\hat{h}_i$ 为第 i 测段路实测高差改正后的值。

各测段改正后的高差 $\hat{h}_i$ 计算完毕后，需要进一步检核计算是否正确，若闭合水准路线改正后的高差之和满足公式

$$\sum \hat{h}_i = 0$$

附合水准路线改正后的高差之和满足公式

$$\sum \hat{h}_i = H_{终} - H_{始}$$

则证明计算正确，否则重新计算。

3）计算未知点高程。根据改正后的高差，由起点高程逐一推算未知点的高程，计算公式为

$$H_i = H_{i-1} + \hat{h}_i$$

六、注意事项

（1）在每次读数之前，水准气泡应居中。

（2）应使前、后视距大致相等。

（3）读数时要用中丝读数，不能读成上、下丝的读数，同时在读数时应消除视差。

（4）在已知高程点和待定水准点上不能放置尺垫。

（5）转点用尺垫时，应将水准尺置于尺垫半圆球的顶点上。

（6）尺垫应踏入土中或置于坚固的地面上，在观测过程中不得碰动仪器或尺垫，迁站时应保护前视尺垫，使其不发生移动。

（7）水准尺必须扶直，不得向前、后、左、右方向倾斜。

（8）每个测段的测站数要求为偶数站，即 n_i 为偶数。

（9）当闭合差超限时，应进行一个测段一个测段的复合。

（10）高程计算时各项应进行检核计算。

七、实训记录

普通水准测量记录表见实训表4。

实训表4 普通水准测量记录表

仪器型号：　　　　　　　　天气：　　　　　　　　观测者：

日　期：　　　　　　　　呈像：　　　　　　　　记录者：

测站编号	点　号	后视读数/m	前视读数/m	高差/m	备　注

续表

测站编号	点 号	后视读数/m	前视读数/m	高差/m	备 注

八、实训计算

已知数据和水准测量高程计算表分别见实训表 5 与实训表 6。

实训表 5　已知数据

点 号	高程/m	水准路线示意图

实训表 6　水准测量高程计算表

点 号	测站数	实测高差/m	高差改正数/m	改正后高差/m	高程/m	备 注
Σ						
检核	$f_h =$					
计算	$f_{h允} =$					

实训五　水准仪的检验与校正

一、实训目的

（1）弄清水准仪的主要轴线及它们之间的几何关系。

（2）掌握自动安平水准仪的检验与校正方法。

二、仪器与工具

自动安平水准仪 1 台，脚架 1 个，水准尺 1 对，尺垫 1 对，记录板 1 个。

三、实训内容

（1）圆水准器的检验与校正。

（2）望远镜十字丝横丝的检验与校正。

（3）水准管轴平行视准轴的检验与校正。

四、实训要求

（1）圆水准器轴应平行于竖轴校正后，圆水准气泡在任何部位均居中。

（2）水准管轴平行于视准轴校正后，应满足 $|h_1 - h_2| \leq 3$ mm。

五、实训方法与步骤

（一）　圆水准器轴应平行于竖轴的检验与校正

1. 检验

（1）将仪器置于脚架上，踩紧脚架，使脚架平面基本处于水平状态，然后转动脚螺旋使圆水准器气泡严格居中。

（2）转动水准仪照准部 180°，若气泡仍处居中位置，则说明两者相互平行；若气泡偏离中心位置，则说明两者相互不平行，须校正。

2. 校正

（1）稍微松动圆水准器底部中央的紧固螺丝。

（2）用校正针拨动圆水准器校正螺丝，使气泡返回偏离中心的一半。

（3）转动脚螺旋使气泡严格居中。

（4）反复检查 2～3 遍，直至仪器转动到任何位置气泡都居中为止。

（二）　望远镜十字丝横丝垂直于仪器竖轴的检验与校正

1. 检验

（1）严格整平水准仪，如实训图 9（a）所示，用十字丝交点对准一固定小点。

（2）转动望远镜微动螺旋，使十字丝横丝沿小点移动，如实训图9（b）所示，如横丝移动时不偏离小点，则条件满足；反之则应校正，如实训图9（c）所示。

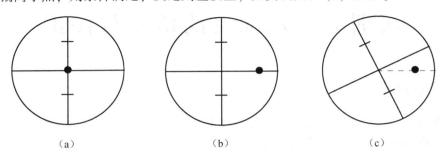

（a）　　　　　　　　（b）　　　　　　　　（c）

实训图9　十字丝横丝垂直于仪器竖轴的检验

2. 校正

用小螺钉旋具松开十字丝分划板3颗固定螺丝，转动十字丝分划板使横丝末端与小点重合，再拧紧被松开的固定螺丝。

（三）水准管轴平行于视准轴的检验与校正

1. 检验

（1）如实训图10所示，在比较平坦的地面上选择相距80 m左右的A、B两点，分别在两点上放上尺垫，踩紧并立上水准尺。

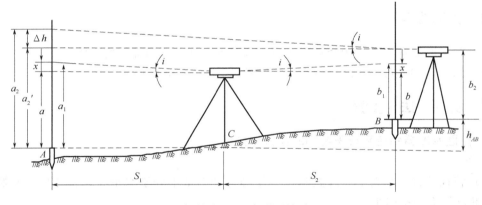

实训图10　i角误差检验

（2）置水准仪于A、B两点的中间位置，整平后分别读取两水准尺上中丝读数a_1和b_1，求得正确高差$h_1 = a_1 - b_1$（为了提高测量精度和防止错误，可通过变换仪器高，两次测定A、B两点的高差之差不超过± 3 mm时，取平均值作为A、B两点之间的正确高差）。

（3）将仪器搬至离B点2～3 m处，整平后再分别读取两水准尺上中丝读数a_2和b_2，求得两点间的高差$h_2 = a_2 - b_2$，若$h_1 = h_2$，则说明条件满足；若$h_1 \neq h_2$，则该仪器水准管轴不平行于视准轴，须校正。

2. 校正

（1）先求得A点水准尺上的正确读数a_2'。

（2）拧开靠目镜处的十字丝环外罩，用校正针拨动校正螺丝，使十字丝横丝上下移动，

最终使中丝读数由 a_2 改变成 a_2'。

（3）重复检查，直至 $| h_1 - h_2 | \leq 3$ mm 为止。

六、注意事项

（1）水准仪的检验与校正过程要认真细心，不能马虎，原始数据不得涂改。

（2）校正螺丝比较精细，在拨动螺丝时要"慢、稳、均"。

（3）校正用的工具要配套，拨针的粗细与校正螺丝的孔径要相适应。

（4）拨动校正螺丝时，应先松后紧，松紧适当。

（5）检校仪器时必须按上述的规定顺序进行，不能颠倒。

（6）各项检验与校正都需要重复进行，直至符合要求为止。

（7）每项检校完毕都要拧紧各个校正螺丝，上好护盖，以防脱落。

（8）校正完毕后，应再做一次检验，确认是否符合要求。

七、实训记录

水准仪的检验与校正记录表见实训表7。

实训表7　水准仪的检验与校正记录表

日期：　　　　　　仪器型号：　　　　　　检校者：

测站位置	计算符号	第一次	第二次	原 理 略 图
中间站	a_1			
	b_1			
	$a_1 - b_1$			
B 端 站	h			
	b_2			
	$h + b_2$			
	a_2			
	Δ			

实训六　全站仪的认识与使用

一、实训目的

（1）了解全站仪的基本构造及各部件的功能。

（2）会区分竖盘位置。

（3）掌握全站仪的对中、整平。

（4）掌握照准和读数的方法。

二、仪器与工具

全站仪 1 台，三脚架 3 副，记录板 1 块，基座及棱镜 2 套。

三、实训内容

（1）认识全站仪的各部件及其功能。

（2）全站仪的对中和整平。

（3）照准目标和读数。

（4）测量两个方向间的水平角。

四、实训要求

（1）利用光学对中法进行对中的误差不超过 2 mm，利用垂球法进行对中的误差不能超过 3 mm。

（2）整平后水准管气泡偏离中心位置不超过 1 格。

五、实训方法与步骤

（一）认识全站仪的各部件及其功能

三脚架大致放平，将全站仪从仪器箱内取出，装在三脚架上，拧紧中心连接螺丝。然后熟悉仪器的构造和主要部件的功能。

实训图 11 所示为南方 DT 系列电子经纬仪结构。其主要部件的功能如下。

（1）水平制动旋钮：控制照准部水平方向转动。

（2）水平微动旋钮：在水平制动旋钮锁上后，对照准部进行水平微调。

（3）竖直制动旋钮：控制照准部在竖直方向上的转动。

（4）竖直微动旋钮：在竖直制动旋钮锁上的情况下，对照准部在竖直方向上微调。

（5）光学对中器：使仪器的中心与地面上测站点标志中心处于同一条铅垂线上。

（6）圆水准器：当圆水准器气泡大致居中时，仪器处于粗平状态。

（7）管水准器：当管水准器气泡居中时，仪器处于精确整平状态。

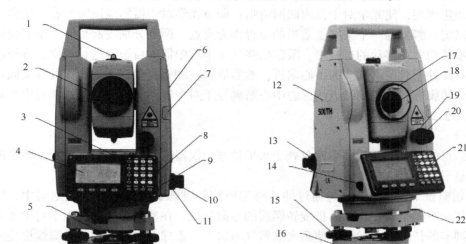

实训图 11　南方 DT 系列电子经纬仪结构

1—准星；2—物镜；3—管水准器；4—显示屏；5—基座锁定旋钮；6—电池；7—电池锁紧杆；
8—SD 卡接口；9—USB 接口；10—水平微动旋钮；11—水平制动旋钮；12—仪器中心标志；
13—光学对中器；14—数据通信接口；15—基座脚螺旋；16—底板；17—望远镜把手；
18—目镜；19—竖直制动旋钮；20—竖直微调旋钮；21—操作键盘；22—圆水准器

（二）对中和整平

1. 对中

对中的目的是使仪器的水平度盘中心与测站点的标志中心处于同一铅垂线上。对中方法通常为垂球对中法和光学对中器对中法两种。

（1）垂球对中法。张开三脚架，调整到合适的高度，将其安置在测站点上，把垂球挂在连接螺旋下方的挂钩上，移动脚架使垂球尖对准测站点，将三脚架的脚尖在地面上踩实使之稳固，此时，注意架头大致水平；然后装上仪器，用中心螺旋连接并拧紧。若垂球尖与测站点间有较小的偏差，可略松中心连接螺旋，两手扶住基座，在三脚架头的圆孔上移动仪器，使垂球尖精确对准测站点，再将中心连接螺旋拧紧。由于仪器在三脚架头的圆孔上移动的范围是有限的，因此，如果仪器在三脚架头的圆孔上移动不能使垂球对准测站点，则须略松中心连接螺旋，先把仪器基座中心重新大致放回三脚架头圆孔的中心位置，再拧紧中心连接螺旋，重新移动脚架使垂球尖对准测站点。

用垂球对中的误差一般应小于 3 mm。在对中时应注意架头大致水平，以免导致整平困难。在松软土质地面，三脚架一定要牢固插入土中，否则仪器会处于不稳定的状态，在观测过程中，对中和整平都可能会随时发生变化。

（2）光学对中器对中法。光学对中器设在照准部或基座上，当水平度盘水平时，对中器的视线经仪器中的棱镜折射后成铅垂方向，且与竖轴中心重合。若测站点标志中心与光学对中器分划板中心（对中器目镜中圆圈的中心）重合，则说明水平度盘中心与测站点的标志中心处在同一条铅垂线上。由此可知，用它对中，仪器的竖轴必须竖直。因此，采用光学对中器对中法进行对中，对中和整平是同时完成的，方法是：在测站点上张开三脚架，调整

到合适的高度，架头大致水平，将仪器安置在架头上，用中心螺旋连接并拧紧；转动光学对中器目镜调焦螺旋，使光学对中器内圆圈清晰；调节光学对中器物镜调解螺旋，使测站点成像清晰，固定三脚架的一个架腿于适当的位置作为支点，两手分别提起另外两个架腿稍稍离开地而慢慢移动，在移动的过程中，眼睛始终从光学对中器的目镜中进行观察，直至测站点的标志中心并处于对中器圆圈的中心附近，然后放置三脚架的架腿于地面，并踩实固定这两个架腿。旋转脚螺旋，使测站点的标志中心精确处于对中器圆圈的中心。光学对中器对中误差一般不大于 2 mm。

2. 整平

整平的目的是使仪器的水平度盘处于水平位置，仪器的竖轴处于铅垂位置。整平的步骤是先粗略整平，再精确整平。

（1）粗略整平。粗略整平是通过伸缩脚架或旋转脚螺旋使圆水准器气泡居中，圆水准器气泡的移动方向是与左手大拇指旋转螺旋的方向一致。在实际操作中，光学对中器对中法常用伸缩脚架的任意两个架腿，使圆水准器气泡居中；垂球对中法采用旋转脚螺旋使圆水准器气泡居中。

（2）精确整平。精确整平是利用基座上的 3 个脚螺旋，使管水准器在相互垂直的两个方向上气泡都居中。具体做法是：转动仪器照准部，使管水准器平行于任意两个脚螺旋的连线方向，如实训图 12（a）所示，两手同时向内或向外旋转 1、2 两个脚螺旋，使气泡居中，然后将照准部旋转 90°，调节第 3 个脚螺旋，使气泡居中，如实训图 12（b）所示。调节过程中，气泡的移动方向始终和左手大拇指旋转螺旋的方向一致。如此反复进行，直至照准部水准管在任意位置上气泡均居中。

整平完成后，还要检查对中情况，即测站点的标志中心是否位于光学对中器的圆圈中心（或者垂球尖是否对准测站点），若相差很小，可轻轻平移基座，使其精确对中（注意不可让仪器在基座面上旋转）。如平移仪器后管水准器气泡不居中，则返回精平操作，如此反复操作，直到管水准器在任何方向气泡都居中，并且测站点的标志中心处于对中状态。

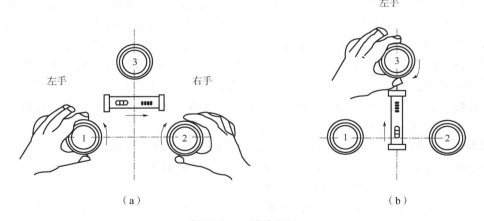

（a）　　　　　　　　　　　　　　　　（b）

实训图 12　精确整平

（三）照准目标和读数

1. 照准目标

利用全站仪进行角度测量时，被测目标上常安置基座棱镜，通过照准棱镜获取所需的水平角或竖直角。为了提高角度观测精度，减弱测量误差，通常采用盘左和盘右观测。当观测者面对望远镜目镜时仪器的竖直度盘位于望远镜的左侧，称为盘左观测；当观测者面对望远镜目镜时仪器的竖直度盘位于望远镜的右侧，称为盘右观测。进行水平角观测时，用十字丝的竖丝照准，如实训图 13 所示；进行竖直角观测时，用仪器的横丝照准，如实训图 14 所示。

（a）盘左照准

（b）盘右照准

实训图 13　水平角观测

（a）盘左照准

（b）盘右照准

实训图 14　竖直角观测

若进行角度观测时，被测目标上没有安置棱镜，则通过双丝夹住目标或单丝平分被测目标。对于水平角观测时尽量照准目标底部，如实训图15所示。

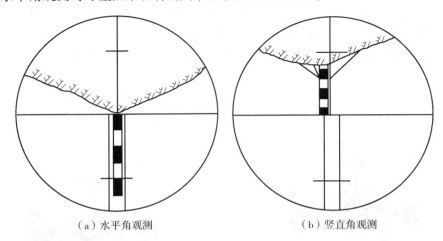

（a）水平角观测　　　　　　　　　　（b）竖直角观测

实训图15　照准标志的方法

2．读数

照准目标后方可进行读数，实训图16所示为南方DT系列全站仪的显示屏及键盘，各按键功能见实训表8。

开机后一般默认进入测角模式，若未进入测角模式，则按ANG操作键，进入测角模式。进入测角模式后显示器上出现V和HR字样，其中V代表竖直度盘读数，HR代表水平度盘读数，进行水平角观测时应读取HR上显示的数值，进行竖直角观测时应读取V上的数值。

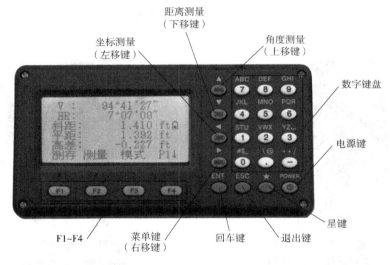

实训图16　南方DT系列全站仪的显示屏及键盘

实训表8　键盘功能

按键	名　称	功　能
ANG	角度测量键	进入角度测量模式（▲光标上移或向上选取选择项）

按键	名称	功能
DIST	距离测量键	进入距离测量模式（▼光标下移或向下选取选择项）
CORD	坐标测量键	进入坐标测量模式（◄光标左移）
MENU	菜单键	进入菜单模式（►光标右移）
ENT	回车键	确认数据输入或存入该行数据并换行
ESC	退出键	取消前一操作，返回到前一个显示屏或前一个模式
POWER	电源键	控制电源的开/关
F1～F4	软键	功能参见所显示的信息
0～9	数字键	输入数字和字母或选取菜单项
·～－	符号键	输入符号、小数点、正负号
★	星键	用于仪器若干功能的操作

（四）测量两个方向间的水平角

（1）松开水平和竖直制动旋钮，转动照准部和望远镜，使竖直度盘位于望远镜的左侧（盘左观测）。

（2）用准星和缺口粗略瞄准左侧目标，拧紧两方向的制动旋钮。经过调焦使物像和十字丝清晰（若有视差，则须消除视差），然后用水平和竖直微调旋钮精确照准目标，如实训图 14（a）和实训图 15（a）所示。

（3）读取显示器 HR 上的数字（以 a 表示），并记录在实训表 9 内。

（4）松开制动旋钮，顺时针转动照准部，按照步骤（2）中的操作照准右侧目标，并读取此时 HR 的读数（以 b 表示），记录在实训表 9 内。

（5）计算两个方向间的水平角 β。

$$\beta = b - a$$

当 $b < a$ 时，两个方向间的水平角 $\beta = b - a + 360°$。

六、注意事项

（1）全站仪从仪器箱中取出前，应看好它的放置位置，以免装箱时不能正确安放。

（2）全站仪在三脚架上中心螺丝未紧固前，手必须握住仪器提手，不得松开，以防仪器跌落，摔坏仪器。

（3）照准过程中，转动望远镜或者照准部之前，必须先松开制动螺旋，若发现制动不灵，要及时检查原因，不可强拆转动。

（4）读数时，应注意读取水平度盘读数（HR），记录的度、分和秒位占两位，如 9′应写成 09′，1″应写成 01″，度、分、秒上的 0 不能缺省。

（5）观测完毕后，要将全站仪各个制动旋钮打开。

（6）仪器入箱后，要及时上锁，确保仪器箱锁好后方可提起仪器箱。

（7）全站仪对中整平是同时进行的，当转动脚螺旋幅度较大时，应注意查看对中情况。

七、实训记录

水平角观测记录计算表见实训表9。

实训表9　水平角观测记录计算表

目　标	水平度盘读数 / (°　′　″)	水平角 / (°　′　″)	备　注
左目标 A			
右目标 B			
左目标 A			
右目标 B			

实训七　测回法水平角观测

一、实训目的

（1）熟悉全站仪的使用方法。
（2）掌握测回法观测水平角的记录和计算。

二、仪器与工具

全站仪 1 台，三脚架 3 副，记录板 1 块，基座及棱镜 2 套。

三、实训内容

如实训图 17 所示，利用测回法对 $\angle AOB$ 进行 n 个测回观测。

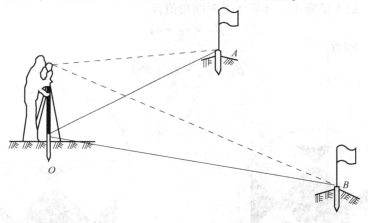

实训图 17　测回法水平角测量

四、实训要求

（1）仪器对中误差不超过 2 mm。
（2）水准管气泡偏离中间位置不超过 1 格。
（3）测回数 n 不小于 2。
（4）各测回内半测回角值的互差、各测回间角值的互差应满足实训表 10 的要求。

实训表 10　测回法水平角观测的限差要求

仪器类型	各测回内半测回角值的互差/(″)	各测回间角值的互差/(″)	备　　注
2″	18	12	
6″	36	24	

五、实训方法与步骤

（1）如实训图 17 所示，首先将全站仪安置在测站点 O 上，并进行精确的对中和整平。

（2）用盘左精确照准目标 A［照准方法如实训图 18（a）所示］，置盘为 $a_{左}$（该值通常在 $0°00′10″$ 附近），记入手簿中。

（3）顺时针转动仪器的照准部，照准右侧目标 B［照准方法如实训图 18（a）所示］，读取全站仪显示屏上 HR 上的读数 $b_{左}$，记入手簿中，完成第一测回上半测回观测。

（4）按照下式计算上半测回角值 $\beta_{左}$。

$$\beta_{左} = b_{左} - a_{左}$$

若 $b_{左} < a_{左}$，则有

$$\beta_{左} = b_{左} - a_{左} + 360°$$

上述观测称为上半测回观测。

（5）倒转望远镜转动照准部变为盘右观测，照准右侧目标 B［照准方法如实训图 18（b）所示］，读取水平度盘读数 $b_{右}$，记入手簿中。

（6）逆时针转动照准部，照准目标 A［照准方法如实训图 18（b）所示］，读取此时水平度盘读数 $a_{右}$，记入手簿中，计算下半测回角值 $\beta_{右}$。

$$\beta_{右} = b_{右} - a_{右}$$

若 $b_{右} < a_{右}$，则有

$$\beta_{右} = b_{右} - a_{右} + 360°$$

（a）盘左照准

（b）盘右照准

实训图 18　水平角观测

上述观测称为下半测回观测，上、下半测回角差 $\Delta\beta$ 应满足实训表 10 中的相关要求。

$$\Delta\beta = |\beta_{左} - \beta_{右}|$$

（7）当半测回角差满足规范要求时，计算一测回角值 β_1。

$$\beta_1 = \frac{\beta_左 + \beta_右}{2}$$

（8）检查仪器对中和整平情况，若对中误差超过规定或者水准管气泡偏离值超过 1 格，需重新对中整平后再进行第二测回。

（9）用盘左精确照准目标 A，并置盘于 $00°00'10'' + \Delta$ 附近。

$$\Delta = \frac{180°}{n}$$

式中：Δ 为相邻测回间盘左观测时，起始方向度盘读数之间的差值；n 为测回数。通过改变起始方向度盘位置，可以消除水平度盘刻划不均匀而引起的测角误差。

例如，本次实训要求观测 3 个测回，则 $\Delta = 60°$，各测回起始方向度盘读数应分别为 $0°00'10''$、$60°00'10''$、$120°00'10''$ 附近。

（10）重复步骤（3）~（7），完成第二测回观测。

（11）按照上述步骤完成剩余测回观测，并计算各测回间角值的差值，若不满足实训表 10 的相关规定，则重新观测偏差较大的一测回，直至满足要求。

（12）计算各测回平均角值 β。

$$\beta = \frac{\sum \beta_i}{n}$$

式中：n 为测回数；β_i 为第 i 测回的角值。

六、注意事项

（1）一测回观测过程中，若水准管气泡偏离值大于 1 格或对中误差超过 2 mm，应整平仪器，重新观测本测回。

（2）同一测回内，只有上半测回盘左照准起始方向时，才能进行置盘操作。

（3）置盘确认后，应再确认一下是否照准目标。

七、实训记录

测回法水平角观测记录表见实训表 11。

实训表 11　测回法水平角观测记录表

仪器型号：　　　　　　　　　天　气：　　　　　　　　　日　期：
地点：　　　　　　　　　　　观测者：　　　　　　　　　记录者：

测站	测回	竖盘位置	目标	水平度盘读数 /（°　′　″）	半测回角值 /（°　′　″）	一测回角值 /（°　′　″）	各测回平均角值 /（°　′　″）	备注

续表

测站	测回	竖盘位置	目标	水平度盘读数 /（°　′　″）	半测回角值 /（°　′　″）	一测回角值 /（°　′　″）	各测回平均角值 /（°　′　″）	备　注

实训八　方向法水平角观测

一、实训目的

（1）进一步熟悉全站仪的操作方法。

（2）掌握方向法观测水平角的操作、记录和计算方法。

（3）掌握全圆方向观测法的基本操作和计算方法。

二、仪器与工具

全站仪 1 台，三脚架 5 副，记录板 1 块，基座及棱镜 4 套。

三、实训内容

（1）方向法观测 2 个方向间的水平角。

（2）方向法观测 3 个方向间的水平角。

（3）全圆方向观测法观测水平角。

四、实训要求

（1）用方向法观测 2 个方向间的水平角，测回数为 2。

（2）用方向法观测 3 个方向间的水平角，测回数为 2。

（3）用全圆方向法观测 4 个方向间的水平角，测回数为 2。

（4）第 1 测回起始方向置为 0°00′10″附近。

（5）每测回起始方向都要重新配置度盘，相邻测回间盘左观测时，起始方向度盘读数之间的差值 Δ 的计算公式为

$$\Delta = \frac{180°}{n}$$

式中：n 为测回数。

通过改变起始方向度盘位置，可以消除水平度盘刻划不均匀引起的测角误差。

（6）利用方向法进行水平角观测时，应满足相关规范的要求，《工程测量规范》（GB 50026—2007）对不同仪器类型的半测回归零差、一测回 2C 值较差以及各测回同一方向值的较差均有要求，具体见实训表 12。

实训表 12　方向观测法的限差要求

等级	仪器类型	半测回归零差/(″)	一测回内 2C 值较差/(″)	同一方向值各测回较差/(″)
四级及以上	1″级仪器	6	9	6
	2″级仪器	8	13	9
一级及以下	2″级仪器	12	18	12
	6″级仪器	18	—	24

五、实训方法与步骤

1. 方向观测法观测 2 个方向间的水平角

（1）如实训图 19 所示，在 O 点安置全站仪，进行对中和整平。

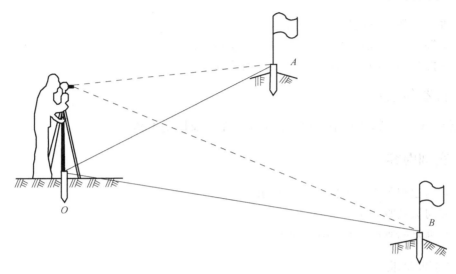

实训图 19　方向观测法（2 个目标）

（2）以盘左位置精确照准 A 目标，置盘为 $0°00'10''$ 附近，再次检查是否精确照准 A 目标，若未精确照准，则调节水平微动旋钮进行精确照准 ［见实训图 20（a）］，然后读取 OA 方向的水平度盘读数，记入实训表 13 中。

（3）顺时针转动照准部，精确照准 B 目标 ［见实训图 20（a）］并读数，同时将读数记录在实训表 13 中。

（4）倒转望远镜，转动照准部变为盘右观测，照准 B 目标 ［见实训图 20（b）］，读取水平度盘读数，记录在实训表 13 中。

（5）计算 $2C$ 值和平均读数，并将结果填写在实训表 13 中。

$$2C = L - (R \pm 180°)$$

式中：L 为盘左读数；R 为盘右读数。

当 $R \geqslant 180°$ 时，取" $-$ "；当 $R < 180°$ 时，取" $+$ "。

$$平均读数 = （盘左读数 L + 盘右读数 R \pm 180°）/2$$

（6）逆时针转动照准部，精确照准 A 目标 ［见实训图 20（b）］，读取水平度盘读数，记录在实训表 13 中。

（7）计算 $2C$ 值和平均读数，并将结果填写在实训表 13 中。

（8）计算一测回 $2C$ 较差，根据实训表 12 中的技术指标，判断该值是否超限，若超限，则重新观测本测回。

（9）检查全站仪是否对中，水准管是否居中，若不符合对中和整平要求，则重新安置全站仪。

（a）盘左照准　　　　　　　　　　　　　　（b）盘右照准

实训图 20　照准目标

（10）以盘左精确照准 A 目标，置盘为 90°00′10″附近，重复步骤（3）～（8），完成第 2 测回观测。

（11）计算各测回同一方向值较差，并判断该值是否满足实训表 12 中的规定，若超限，重新观测第 1 测回或第 2 测回，直至满足要求。

2. 方向观测法观测 3 个方向间的水平角

（1）如实训图 21 所示，将全站仪安置在测站点 O 上，并完成对中和整平操作。

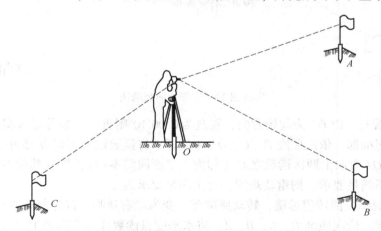

实训图 21　方向观测法（3 个目标）

（2）盘左观测。以 OA 为起始方向，置盘为 0°00′10″附近，读数并记入实训表 14 中。

（3）顺时针转动照准部依次照准 B、C 方向，并将 B、C 方向上的水平度盘读数记入实训表 14 中。

（4）盘右观测。倒转望远镜，转动照准部，变为盘右观测，逆时针转动照准部，依次照准 C、B、A 方向，并将各个方向上的水平度盘读数依次记入实训表 14 中。

（5）计算各个方向的 2C 值和平均读数，记入实训表 14 中。

$$2C = L - (R \pm 180°)$$

式中：L 为盘左读数；R 为盘右读数；当 $R \geqslant 180°$ 时，取"$-$"；当 $R < 180°$ 时，取"$+$"。

$$平均读数 = (盘左读数 L + 盘右读数 R \pm 180°)/2$$

（6）计算一测回内 $2C$ 较差，根据实训表 12 中的技术指标判断该值是否超限，若超限，则重新观测本测回。

（7）第 1 测回观测完毕后，检查全站仪是否对中，水准管是否居中，若不符合对中和整平要求，则重新安置全站仪。

（8）以盘左精确照准 A 目标，置盘为 $90°00'10''$ 附近，重复步骤（2）～（6），完成第 2 测回观测。

（9）计算各测回同一方向值较差，并判断该值是否满足实训表 12 中的规定，若超限，重新观测第 1 测回或第 2 测回，直至满足要求。

3. 全圆方向观测法观测水平角

（1）如实训图 22 所示，将仪器安置在测站点 O 上，并进行对中和整平。

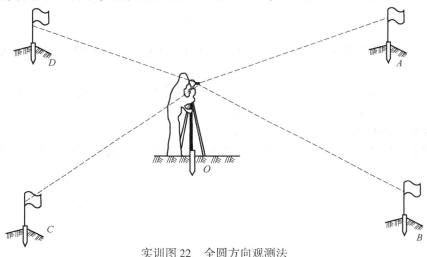

实训图 22 全圆方向观测法

（2）盘左观测。以 OA 为起始方向，置盘为 $0°00'10''$ 附近，读数并记入实训表 15 中；然后顺时针转动照准部，依次照准 B、C、D、A 目标，将读数记入实训表 15 中。

（3）计算 OA 方向上两次读数之差（称为上半测回归零差），检查其是否满足实训表 12 中的要求，若不满足要求，则重新观测，直至满足要求为止。

（4）盘右观测。倒转望远镜，转动照准部，变为盘右观测，首先照准 OA 方向，然后逆时针转动照准部，依次照准 D、C、B、A，将水平度盘读数记入实训表 15 中。

（5）计算 OA 方向上两次读数之差（称为下半测回归零差），检查其是否满足实训表 12 中的要求，若不满足要求，则重新观测，直至满足要求为止。

（6）计算各个方向的 $2C$ 值和平均读数，将计算结果记入实训表 15 中。

$$2C = L - (R \pm 180°)$$

式中：L 为盘左读数；R 为盘右读数。

当 $R \geqslant 180°$ 时，取"$-$"；当 $R < 180°$ 时，取"$+$"。

$$平均读数 = (盘左读数 L + 盘右读数 R \pm 180°)/2$$

（7）检查同一测回内 2C 互差是否满足实训表 12 中的要求，若不满足要求，则重新观测，直至满足要求，完成第 1 测回观测。

（8）第 1 测回观测完毕后，检查全站仪是否对中，水准管是否居中，若不符合对中和整平要求，则重新安置全站仪。

（9）以盘左精确照准 A 目标，置盘为 90°00′10″附近，重复步骤（2）～（7），完成第 2 测回观测。

（10）计算各测回同一方向值较差，并判断该值是否满足实训表 12 中的规定，若超限，重新观测第 1 测回或第 2 测回，直至满足要求。

六、注意事项

（1）在盘左观测起始方向进行置盘时，点击按键输入数字应用力均匀，不能使照准部转动，当置盘后应再从目镜中观察一次目标，以防止因用力不均匀而造成偏离目标。

（2）水平角测量时，照准目标应注意用十字丝的竖丝，如实训图 20 所示。

（3）照准目标后应消除视差。

（4）记录表中除了度以外，分和秒要占两个字符，如 3°4′5″应即为 3°04′05″。

（5）记录表中秒位不允许改动。

（6）计算过程中，要保证记录完整，计算完一测回内的所有数据，检查合格后方可开始下一测回观测。

（7）变换测回时，应检查仪器的对中和整平情况。

（8）目标不超过 3 个的时候，可不进行半测回归零。

七、实训记录

方向法水平角观测记录表如实训表 13～实训表 15 所示。

实训表 13　2 个方向的水平角观测记录表

仪器型号：　　　　　　　　天　气：　　　　　　　　日　期：
地　　点：　　　　　　　　观测者：　　　　　　　　记录者：

测站	测回	目标	水平度盘读数 /（°　′　″）		2C /（″）	平均读数 /（°　′　″）	一测回角值 /（°　′　″）	各测回平均角值 /（°　′　″）	备注
			盘左	盘右					

续表

测站	测回	目标	水平度盘读数 /（°′″）		2C /（″）	平均读数 /（°′″）	一测回角值 /（°′″）	各测回平均角值 /（°′″）	备注
			盘左	盘右					

实训表 14　3 个方向的水平角观测记录表

仪器型号：　　　　　　　　天　气：　　　　　　　　日　期：

地　　点：　　　　　　　　观测者：　　　　　　　　记录者：

测站	测回	目标	水平度盘读数 /（°′″）		2C /（″）	平均读数 /（°′″）	归零方向值 /（°′″）	各测回平均 归零方向值 /（°′″）	备注
			盘左	盘右					

实训表 15　全圆方向观测记录表

仪器型号：　　　　　　　　　　天　气：　　　　　　　　　　日　期：

地　　点：　　　　　　　　　　观测者：　　　　　　　　　　记录者：

测站	测回	目标	水平度盘读数 /（° ′ ″）		2C /（″）	平均读数 /（° ′ ″）	归零方向值 /（° ′ ″）	各测回平均归零方向值 /（° ′ ″）	备 注
			盘左	盘右					

实训九　竖直角观测

一、实训目的

（1）进一步熟悉全站仪的基本操作。
（2）掌握竖直角的观测、记录方法。
（3）会计算竖盘指标差和竖直角。

二、仪器与工具

全站仪 1 台，三脚架 3 副，记录板 1 块，基座棱镜 2 套。

三、实训内容

如实训图 23 所示，用全站仪进行 2 个目标的竖直角观测。（选择的 2 个目标点最好一高一低，所测得竖直角一个为正，一个为负。）

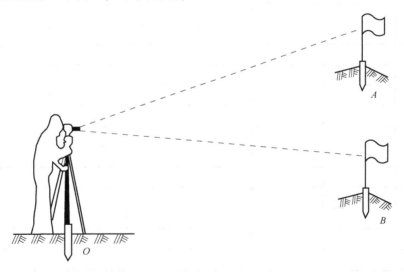

实训图 23　竖直角观测

四、实训要求

（1）每人照准 2 个目标。
（2）每个目标观测 2 个测回。
（3）两测回的竖直角及指标差的互差满足五级三角高程观测技术指标。电磁波测距三角高程测量主要技术要求见实训表 16。

实训表 16 电磁波测距三角高程测量主要技术要求

等级	仪器精度等级	测回数	指标差较差限差/(″)	测回较差/(″)	备　注
四级	2″仪器	3	7	7	
五级	2″仪器	2	10	10	

五、实训方法与步骤

（1）如实训图 23 所示，在测站点 O 上安置全站仪，并进行严格的对中和整平。

（2）将竖盘置于望远镜的左侧，使竖盘位置处于盘左，然后慢慢转动望远镜，使视线处于水平视线之上，即处于仰视，此时竖盘读数 V 小于 90°，则说明该全站仪竖盘注记形式为全圆顺时针刻划注记；若竖盘读数 V 大于 90°，则说明全站仪竖盘注记形式为全圆逆时针注记。（因目前常用的国产全站仪均为全圆顺时针刻划注记，故下面以此种注记方式为例进行观测。）

（3）盘左观测，如实训图 24（a）所示，照准 A 目标（注意，若目标不是带有觇标的基座棱镜，照准时应用横丝平分目标，或者横丝夹住目标），并读取竖直度盘读数（V），记入实训表 17 中。

（4）计算上半测回角值，计算公式为

$$\alpha_{左} = 90° - L$$

（5）倒转望远镜，转动照准部，变为盘右观测，如实训图 24（b）所示，照准目标 A，并读取竖盘读数，记入实训表 17 中，计算下半测回角值，计算公式为

$$\alpha_{右} = R - 270°$$

（a）盘左照准　　　　　　　　　　（b）盘右照准

实训图 24　盘左及盘右照准

（6）计算竖盘指标差和一测回竖直角 α，计算公式为

$$x = \frac{1}{2}\left(R + L - 360°\right)$$

$$\alpha = 90° - L + x = R - 270° - x$$

或
$$\alpha = (\alpha_左 + \alpha_右)/2 = \frac{1}{2}(R - L - 180°)$$

检查该测回是否超限，指标差互差应满足实训表 16 中的要求，若不满足要求，则重新观测本测回。

（7）检查全站仪对中和水准管气泡居中的情况，若不满足要求，则重新对中和整平仪器。

（8）重复步骤（3）～（6），完成 A 目标的第二测回观测。

（9）检查两个测回竖直角的角值之差是否满足实训表 16 中的要求，若不满足要求，则重新观测，直至满足要求。

（10）计算各测回的平均角值。取第一、第二测回竖直角角值的平均值。

（11）重复步骤（3）～（10），完成 B 目标的竖直角观测。

六、注意事项

（1）全站仪从仪器箱中取出前，应看好它的放置位置，以免装箱时不能正确安放。

（2）全站仪在三脚架上中心螺丝未紧固前，手必须握住仪器提手，不得松开，以防仪器跌落，摔坏仪器。

（3）照准过程中，转动望远镜或者照准部之前，必须先松开制动螺旋，若发现制动不灵，要及时检查原因，不可强拆转动。

（4）竖直角观测中，照准目标时应用横丝切准目标（单丝平分目标，双丝夹住目标）。

（5）读数时，应注意读取竖直度盘读数（V），记录时分和秒位占两位，如 9′ 应写成 09′，1″ 应写成 01″，度分秒上的 0 不能缺省。

（6）竖直角的取值范围是 － 90° ～ +90°。当视线处于水平视线以下时，计算出的竖直角为 "－"，且勿再加 360°。

（7）各测回之间不需要置盘操作。

（8）观测完毕后，要将全站仪各个制动旋钮打开。

（9）仪器入箱后，要及时上锁，确保仪器箱锁好后方可提起仪器箱。

（10）全站仪对中和整平是同时进行的，当转动脚螺旋幅度较大时，应注意查看对中情况。

七、实训记录

竖直角观测记录表如实训表 17 所示。

实训表 17　竖直角观测记录表

仪器型号：　　　　日期：　　　　观测者：　　　　记录者：

测站	目标	竖盘位置	竖盘读数/（° ′ ″）	半测回角值/（° ′ ″）	指标差/（″）	一测回角值/（° ′ ″）	各测回平均角值/（° ′ ″）	备注

测站	目标	竖盘位置	竖盘读数/(° ′ ″)	半测回角值/(° ′ ″)	指标差/(″)	一测回角值/(° ′ ″)	各测回平均角值/(° ′ ″)	备注

实训十　全站仪的检验与校正

一、实训目的

（1）熟悉全站仪各个轴线之间的几何关系。
（2）初步掌握照准部水准管、视准轴、十字丝和竖盘指标差的检验与校正方法。

二、仪器与工具

全站仪 1 台，校正工具 1 套，记录板 1 块，基座和棱镜 1 套，三脚架 2 个。

三、实训内容

（1）照准部水准管轴的检验与校正。
（2）十字丝竖丝垂直于横轴的检验与校正。
（3）视准轴垂直于横轴的检验与校正。
（4）横轴垂直于竖轴的检验与校正。
（5）竖盘指标差的检验与校正。

四、实训要求

（1）全站仪对中误差不超过 1 mm，水准管气泡偏离值不大于 1 格。
（2）视准轴垂直于横轴的检验与校正中，$2C$ 值大于 $20''$ 时，需要校正。
（3）横轴垂直于竖轴的检验与校正中，计算出的 i 角如果大于 $20''$，则需要校正。
（4）竖盘指标差的检验与校正中，如果竖盘指标差 x 超过 $20''$，则应进行校正。

五、实训方法与步骤

（一）照准部水准管轴的检验与校正

1. 检验方法

架设好全站仪后，调节两个脚螺旋，使水准管气泡居中，旋转照准部 $180°$，若气泡偏离中心大于 1 格，则需校正。

2. 校正方法

（1）在检验的基础上，旋转脚螺旋，使气泡返回偏离格值的一半。
（2）拨动水准管的校正螺丝，使气泡居中。
（3）将照准部旋转 $180°$，观察气泡是否居中。如果气泡居中，则表示该项校正已完成。如果气泡仍不居中，则采用上述同样的校正方法使气泡居中，直到照准部不论旋转到任何一个位置，水准管气泡都居中。

（二）十字丝竖丝垂直于横轴的检验与校正

1. 检验方法

（1）精确整平仪器，用十字丝竖丝最上端精确对准远处一明显目标点，如实训图25（a）所示，固定水平制动螺旋和望远镜制动螺旋。

（2）慢慢转动望远镜微动螺旋，若目标点始终离开竖丝，如实训图25（b）所示，说明需要进行校正。

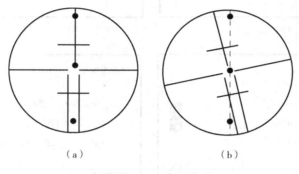

（a）　　　　　　　　　　（b）

实训图25　十字丝检验

2. 校正方法

（1）拧下目镜前面的十字丝分划板护罩，松开十字丝环的4颗压环螺钉。

（2）缓慢转动十字丝环，使偏离的目标点向竖丝移动偏离量的一半即可。

（三）视准轴垂直于横轴的检验与校正

1. 检验方法

选择一水平目标 A，分别用盘左、盘右观测，并分别读取盘左、盘右读数 L、R，则它们的读数差即为两倍的 C 值，则有

$$2C = L - R \pm 180°$$

当 $2C$ 值大于 $20''$ 时，需要校正。

2. 校正方法

（1）光学校正。

1）计算盘右的正确读数 $(R + C)$，然后在盘右位置转动照准部微动螺旋，使水平度盘读数为正确读数 $(R + C)$。

2）望远镜的十字丝竖丝偏离目标时，打开十字丝护盖，用拨针调节十字丝环的左右两个校正螺钉，一松一紧，移动十字丝环，使十字丝交点对准目标即可。

（2）电子校正。

1）整平仪器，并按电源键开机，然后按［MENU］键以及［F4］确认键，进入2/2菜单界面，如实训图26（a）所示。

2）按数字键［1］（校正），再按数字键［2］（视准差校正），如实训图26（b）所示。

3）在盘左位置精确瞄准目标，按［F4］确认键，如实训图26（c）所示。

4）倒转望远镜，用盘右位置精确瞄准同一目标，按［F4］确认键，完成视准差校正工作，如实训图26（d）所示。

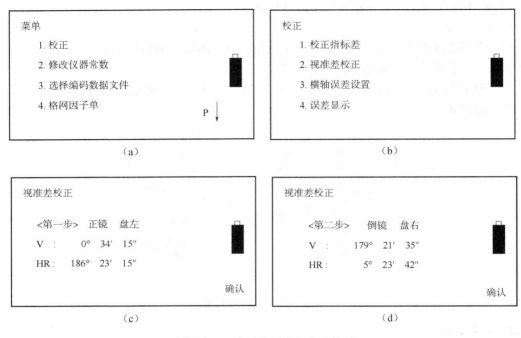

菜单

1. 校正

2. 修改仪器常数

3. 选择编码数据文件

4. 格网因子单

P ↓

（a）

校正

1. 校正指标差

2. 视准差校正

3. 横轴误差设置

4. 误差显示

（b）

视准差校正

<第一步> 正镜　盘左

V ： 　0°　34′　15″

HR： 186°　23′　15″

确认

（c）

视准差校正

<第二步> 倒镜　盘右

V ： 179°　21′　35″

HR： 　5°　23′　42″

确认

（d）

实训图 26　全站仪视准差电子校正

（四）横轴垂直于竖轴的检验与校正

1. 检验

（1）如实训图 27 所示，在离墙 10 ~20 m 处安置全站仪，以盘左照准墙面高处的一点 M（其仰角宜大于 30°），固定照准部，然后使望远镜视准轴水平（通过竖度盘读数），在墙面上以十字丝的交点定出 M_1。

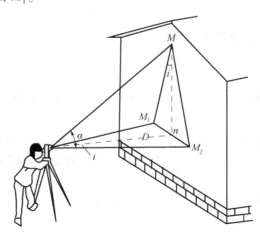

实训图 27　横轴检验

（2）盘右照准 M 点，固定照准部，然后使望远镜视准轴水平，在墙面上以十字丝的交点定出 M_2。量取 M_1 到 M_2 的长度为 S，量取测站至 M 点的水平距离为 D，用全站仪对目点

M 观测一个测回的竖直角，其角值为 α。则横轴误差的计算公式为

$$i = \frac{S}{2D\tan\alpha}\rho$$

若计算出的 i 角大于 20″，则需要校正。

2. 校正

（1）光学校正。横轴不垂直于竖轴的主要原因是横轴两端的支架不等高。校正时，打开仪器的支架护盖，调整偏心轴承环，抬高或降低横轴的一端，使 $i=0°$。此项校正需要在无尘的室内环境中使用专用的平行光管进行，因光学经纬仪的横轴大都是密封的，因此如果使用仪器人员不具备这种校正条件，而又需对此项条件进行检验，则应在专门检验校正仪器的场所由专业人员对仪器进行校正。

（2）电子校正。

1）整平仪器，并按电源键开机，然后按［MENU］键以及［F4］确认键，进入 2/2 菜单界面，如实训图 26（a）所示。

2）按数字键［1］（校正），再按数字键［3］（横轴误差设置），如实训图 26（b）所示。

3）在盘左位置精确瞄准目标，按［F4］确认键 10 次（倾角在 ±10°～±45°），如实训图 28（a）所示。

4）倒转望远镜，用盘右位置精确瞄准同一目标，按［F4］确认键 10 次，完成校正工作，如实训图 28（b）所示。

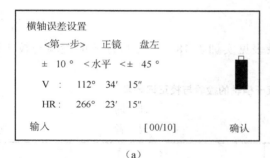

（a）

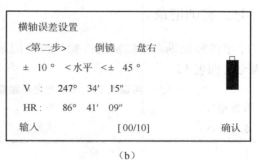

（b）

实训图 28　全站仪横轴电子校正

（五）竖盘指标差的检验与校正

1. 检验

仪器整平后，以盘左、盘右位置中丝切准某一视线近于水平的明显目标，读取竖盘读数，并计算竖盘指标差 x，如果竖盘指标差 x 超过 20″，则应进行校正。

$$x = \frac{1}{2}(R + L - 360°)$$

2. 校正

（1）整平仪器，并按电源键开机，然后按［MENU］键以及［F4］确认键，进入 2/2 菜单界面，如实训图 26（a）所示。

（2）按数字键［1］（校正），再按数字键［1］（校正指标差），如实训图 26（b）所示。

（3）在盘左位置精确瞄准目标，按［F4］确认键，如实训图 29（a）所示。

（4）倒转望远镜，用盘右位置精确瞄准同一目标，按［F4］确认键，完成竖盘指标差校正工作，如实训图 29（b）所示。

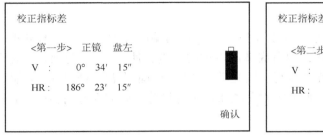

（a）　　　　　　　　　　　　　　　　（b）

实训图 29　全站仪指标差电子校正

六、注意事项

（1）在进行检验校正时，上述步骤不能颠倒。

（2）仪器需要整平时，水准管气泡偏离中心的值不能超过 1 格。

（3）严格按照检验与校正步骤进行操作。

七、实训记录

十字丝竖丝垂直于横轴的检验与校正记录表见实训表 18，竖盘指标差的检验与校正记录表见实训表 19。

实训表 18　十字丝竖丝垂直于横轴的检验与校正记录表

仪器型号：　　　　　　　　天　气：　　　　　　　　日　期：

地　点：　　　　　　　　观测者：　　　　　　　　记录者：

测站	目标	检验		2C /（″）	校正后		2C /（″）	备注
		水平度盘读数 /（°　′　″）			水平度盘读数 /（°　′　″）			
		盘左	盘右		盘左	盘右		

实训表 19　竖盘指标差的检验与校正记录表

仪器型号：　　　　　　　　　天　气：　　　　　　　　　日　期：
地　　点：　　　　　　　　　观测者：　　　　　　　　　记录者：

测站	目标	检　验		x / (″)	校　正　后		x / (″)	备　注
		竖直度盘读数 / (° ′ ″)			竖直度盘读数 / (° ′ ″)			
		盘左	盘右		盘左	盘右		

实训十一　钢尺量距

一、实训目的

（1）熟悉直线定线。
（2）掌握钢尺量距的一般步骤和方法。

二、仪器与工具

30 m钢尺1把，花杆3根，测钎1束，木桩3根，记录板，计算器，铅笔，小刀，记录计算表。

三、实训内容

用一把30 m钢尺丈量 AB 的距离（约80 m）。

四、实训要求

直线丈量相对误差小于1/2 000。

五、实训方法与步骤

（1）在实训场地上选择 A、B 两点，使 A、B 两点间的距离约80 m。在 A 点和 B 点处各打一木桩，作为直线端点桩，并在木桩上画十字丝作为点位标志，木桩需高出地面约2 cm。

（2）进行直线定线。先在 A、B 两点立好花杆，观测员甲站在 A 点花杆后面1 m左右，用单眼通过 A 花杆一侧瞄准 B 花杆同一侧，形成视线；观测员乙拿着一根花杆到欲定点1处，侧身立好花杆，根据甲的指挥左右移动。当甲观测到1点花杆在 AB 同一侧并与视线相切时，喊"好"，乙即在1点处插一测钎，做好标记，这时1点就是直线 AB 上的一点。用相同的方法可定出其余各点的位置。

（3）往测。后尺手站在起点 A 处，指挥前尺手沿 A→B 方向前进，至一整尺长处停下，并指挥前尺手将钢尺拉在直线 AB 上，两人同时将尺拉紧、拉平和拉直。当钢尺稳定后，前尺手喊"预备"，后尺手将钢尺零点准确对准 A 点，并喊"好"，前尺手随即将测钎对准钢尺末端刻划竖直插入地面，完成第一尺段的测量。量完第一尺段后，后尺手、前尺手举尺前进，用相同的方法丈量第二尺段。依次丈量，直到最后量出不足一整尺的余长，前尺手在钢尺上读取余长值。将所测的两点的水平距离记入实训表20中。

（4）返测。用同往测一样的步骤，前尺手、后尺手从 B 点开始返测到 A 点。将所测的两点的水平距离记入实训表20中。

（5）计算。取往返丈量的平均值作为 AB 距离的测量值，即

$$D_{AB} = \frac{D_{AB往} + D_{AB返}}{2}$$

六、注意事项

（1）量距时定线要直，拉力要均匀，钢尺不能松、曲，测钎要插准、插直。

（2）要认清钢尺是刻线尺还是端点尺，应看清粗零点位置，要记清整尺段数。

（3）防止钢尺扭结和行人、车辆碾压。

（4）钢尺使用时应做到不扭、不折、不压，应尽力避免钢尺沿地面拖拉，以防磨损尺面刻划。

（5）钢尺使用之后，要用油布擦净，然后卷入盒中。

七、实训记录

钢尺量距记录表见实训表20。

实训表20　钢尺量距记录表

日　　期：　　　　　　　　观测者：　　　　　　　　记录者：

测线	方向	整尺段数	零尺段	总计	较差	精度	备注

实训十二　视距测量

一、实训目的

（1）掌握经纬仪视距测量的观测、记录与计算方法。
（2）掌握用视距法计算水平距离和高差的方法、步骤。

二、仪器与工具

经纬仪 1 套（含三脚架等），水准尺 1 把，小钢尺 1 把，计算器（可编程），记录板，铅笔，小刀，记录计算表。

三、实训内容

（1）练习经纬仪视距测量的观察与记录。
（2）熟悉视距测量的相关计算。

四、实训要求

水平角、竖直角读到分，水平距离和高差均计算到 0.1 m。

五、实训方法与步骤

（1）在地面上选择 2 个固定点 A 与 B，在其中的一个点 A 上安置经纬仪，对中、整平后，量取仪器高 i（精确到 cm）。

（2）在 B 点竖立视距尺（或水准尺），用十字丝横丝瞄准目标 B 点标尺，转动竖盘指标水准管微动螺旋，使竖盘指标水准管气泡居中，分别读取上、下、中三丝读数及竖盘读数 α，并分别计入实训表 21 中。

（3）用视距测量公式

$$D = Kl\cos^2\alpha$$
$$h = D\tan\alpha + i - v$$

计算出 A、B 两点间的往测水平距离和高差。

（4）在 B 点安置经纬仪，用上述同样的方法进行观测，并计算出 A、B 两点间的返测水平距离和高差。

（5）若往返测水平距离和高差满足相关要求，则求往、返观测平均值作为 A、B 两点间的水平距离和高差。否则，须重新观测。

六、注意事项

（1）视距测量前应校正竖盘指标差。

（2）标尺应严格竖直。

（3）仪器高、中丝读数和高差计算精确到厘米，水平距离精确到分米。

（4）计算竖直角时，竖直角应带有正、负号。

（5）上、下丝读数的平均值与中丝读数的差值尽量不要超过±2 cm，如果相差较大，应分析原因。

七、实训记录

视距测量记录表见实训表21。

实训表21 视距测量记录表

仪器型号：　　　　　　　　天　气：　　　　　　　　日　期：

地　　点：　　　　　　　　观测者：　　　　　　　　记录者：

测站	目标	视距读数/m		视距 /m	中丝读数 /m	竖盘读数 / (° ′ ″)	平距 /m	高差 /m	高程 /m
		上丝	下丝						

实训十三　全站仪距离测量

一、实训目的

（1）理解电磁波测距的原理。
（2）熟悉全站仪的构造及功能键。
（3）学会用全站仪测量两点之间的距离。

二、仪器与工具

全站仪 1 套（含电池、脚架等），棱镜 1 套（含棱镜杆），记录板，铅笔，小刀，记录计算表。

三、实训内容

用全站仪测量 A、B 两点之间的距离。

四、实训方法与步骤

（1）安置仪器。
1）在测站点 A 安置全站仪，对中、整平。
2）在已知点 B 上安置棱镜架，进行对中、整平，并将棱镜安装在棱镜架上，通过棱镜上的缺口使棱镜对准全站仪望远镜。
（2）开机，设置棱镜常数（如果棱镜没换，可只设置一次）；设置温度、气压（注意温度、气压的单位）。
（3）照准棱镜中心，进入测距模式（可以设置测距的类型和次数），测量，测 2 个测回（照准 1 次读取 4 次读数为 1 个测回）。将测出的距离记录在实训表 22 中。
根据需要切换显示内容。
屏幕显示的内容如下。
HR：水平方向值；
V：竖直盘读数；
SD：观测斜距；
HD：水平距离；
VD：仪器中心到棱镜中心的高差。

五、注意事项

（1）气象条件对光电测距影响较大，宜选择微风的阴天，且通视比较良好的条件下进行观测。

（2）观测时切勿将物镜正对太阳，否则可能会烧坏发光管和接收管。阳光下作业应撑伞保护仪器，否则仪器受热，降低发光管效率，影响测距。

（3）主机应避开高压线、变压器等强电干扰，视线应避开反光物体及有信号干扰的地方，尽量不要逆光观测。若观测时视线临时被阻，该次观测应舍弃并重新观测。

（4）视线应高出地面或离开障碍物1.3 m以上，且应避免通过吸热、散热不同的地区。

（5）应认真做好仪器和棱镜的对中与整平工作，并使棱镜对准测距仪，否则将产生对中误差及棱镜的偏歪和倾斜误差。

（6）在整个操作过程中，观测者不得离开仪器，以避免发生意外事故。

（7）仪器应保持干燥，遇雨后应将仪器擦干，放在通风处，完全晾干后才能装箱。

六、实训记录

全站仪距离测量记录表见实训表22。

实训表22　全站仪距离测量记录表

仪器型号：　　　　　　　　天　气：　　　　　　　　日　期：
地　　点：　　　　　　　　观测者：　　　　　　　　记录者：

边　名		读数	测　回		气象条件	
测站点	目标点				气温/℃	气压/kPa
		1				
		2				
		3				
		4				
		中数				
		各测回中数				
		读数	测　回			
		1				
		2				
		3				
		4				
		中数				
		各测回中数				
		读数	测　回			
		1				
		2				
		3				
		4				
		中数				
		各测回中数				

实训十四　全站仪坐标测量

一、实训目的

（1）熟悉全站仪的构造及功能键。
（2）掌握全站仪的技术操作。
（3）学会用全站仪测量点的平面坐标。

二、仪器与工具

全站仪1套（含电池、脚架等），棱镜1套（含棱镜杆），记录板，铅笔，小刀，记录计算表。

三、实训内容

已知两点 A、B 的坐标，用全站仪测量点 C 的坐标。

四、实训方法与步骤

1. 安置仪器
（1）在测站点 A 安置全站仪，对中、整平。设置棱镜常数（如果棱镜没换，可只设置一次）；设置温度、气压（注意温度、气压的单位）。
（2）在已知点 B 上安置棱镜架，进行对中、整平，并将棱镜安装在棱镜架上，通过棱镜上的缺口使棱镜对准全站仪望远镜。

2. 项目设置
一般设置成当天日期或项目名称。

3. 设置测站
（1）输入测站点 A 的东坐标 E_A、北坐标 N_A、高程 H_A。
（2）量取仪器高 h_i 并输入全站仪。

4. 后视定向
（1）将全站仪望远镜瞄准 B 点上安置的棱镜。
（2）输入后视点 B 的东坐标 E_B、北坐标 N_B、高程 H_B。
（3）将棱镜杆高读数输入全站仪并确定，完成定向。
（4）测量后视点坐标并与已知坐标相比较，检查后视定向是否存在错误。

5. 测定坐标
将望远镜标准目标点 C 输入棱镜杆高读数，并按测量键即可直接测量出 C 点的坐标。

6. 记录
将测出的坐标记录在实训表23中。

五、注意事项

（1）气象条件对光电测距影响较大，宜选择微风的阴天，且通视比较良好的条件下进行观测。

（2）观测时切勿将物镜正对太阳，否则可能会烧坏发光管和接收管。阳光下作业应撑伞保护仪器，否则仪器受热，降低发光管效率，影响测距。

（3）主机应避开高压线、变压器等强电干扰，视线应避开反光物体及有信号干扰的地方，尽量不要逆光观测。若观测时视线临时被阻，该次观测应舍弃并重新观测。

（4）视线应高出地面或离开障碍物 1.3 m 以上，且应避免通过吸热、散热不同的地区。

（5）应认真做好仪器和棱镜的对中与整平工作，并使棱镜对准测距仪，否则将产生对中误差及棱镜的偏歪和倾斜误差。

（6）在整个操作过程中，观测者不得离开仪器，以避免发生意外事故。

（7）仪器应保持干燥，遇雨后应将仪器擦干，放在通风处，完全晾干后才能装箱。

六、实训记录

全站仪坐标测量记录表见实训表 23。

实训表 23　全站仪坐标记录表

仪器型号：　　　　　　　　天　气：　　　　　　　　日　期：
地　点：　　　　　　　　观测者：　　　　　　　　记录者：

测点	X/m	Y/m	检核	后视点检核	
				X/m	Y/m
测站点					
后视点				待测点检核	
待测点				X/m	Y/m
略图					

实训十五　导线测量

一、实训目的

（1）熟悉全站仪的技术操作。
（2）掌握使用全站仪进行导线测量的技术方法。
（3）掌握导线的内业计算过程。

二、仪器与工具

全站仪 1 套（含电池、脚架等），棱镜 2 套（含基座、脚架），记录板，计算器，铅笔，小刀，记录计算表。

三、实训内容

（1）闭合导线外业观测。
（2）闭合导线内业计算。

四、实训要求

（1）采用 2″级全站仪测量，水平角观测 2 个测回，距离观测 2 个测回。
（2）采用测回法观测水平角时，上、下半测回角值较差不大于 18″，各测回回角值较差不大于 12″；采用方向观测法观测水平角时，2C 互差不大于 18″，各测回回角值较差不大于 12″。距离观测要求：一测回读数较差不大于 10 mm，单程各测回较差不大于 15 mm。
（3）角度闭合差允许值 $f_{\beta允} = \pm 24″\sqrt{n}$。
（4）导线全长相对闭合差允许值 $K_{允} = 1/5\ 000$。

五、实训方法与步骤

1. 踏勘选点

在测区内选定一系列适合的点作为导线点，同已知控制点形成闭合线路或附和路线，并绘制控制网略图。点位的选择应符合下列规定。

（1）点位应选在土质坚实、稳固可靠、便于保存的地方，视野应相对开阔，便于加密、扩展和寻找。
（2）相邻点之间应通视良好，其视线距障碍物一定的距离，以不受旁折光影响为原则。
（3）当采用电磁波测距时，相邻点之间视线应避免烟囱、散热塔等发热体及强电磁场。

（4）相邻两点之间的视线倾角不宜过大。

（5）充分利用旧有控制点。

2. 安置仪器

（1）在测站点 A 上安置全站仪，对中、整平。

（2）在相邻两导线点上架设棱镜。

3. 水平角观测

使用测回法或方向观测法进行观测，测出闭合导线各个内角及连接角。若利用测回法观测，则将所测数据记入实训表 24 中；若利用方向观测法，则将观测数据记入实训表 25 中。

测角由已知点开始，沿导线前进方向逐点观测，将仪器一次安置在各导线点上，进行对中和整平（对中误差应不大于 2 mm），并瞄准相邻两导线点上的标杆底部或插在导线点木桩上的测钎下端。当遇短边时，更因仔细对中，并尽可能直角瞄准导线点木桩上的小钉，以减小测角误差。每站观测工作结束前，需要当场进行检查计算，若发现观测结果超限或有错误时，应立即重新观测，直至符合要求后，方可迁站。

4. 导线边长测量

用全站仪直接测出水平距离，往、返观测取平均值作为最后每边的边长。将所测边长记入实训表 24 或实训表 26 中。

5. 闭合导线内业计算

闭合导线连接角、全部内角及边长测量完毕后，对外业成果进行内业计算，得到各导线点的坐标值。内业计算过程如下：

（1）角度闭合差的计算与分配。

（2）计算改正后的角值。

（3）推算各边坐标方位角。

（4）计算坐标增量。

（5）坐标增量闭合差的计算与分配。

（6）计算改正后的坐标增量。

（7）各导线点坐标计算。

六、注意事项

（1）选定的导线点要符合导线选点的要求。

（2）仪器操作时要规范，各项观测数据要正确填入相关记录表格中，经检查，符合限差要求后方可迁站。

（3）观测数据记录要规范、整洁，记录的更改要符合要求，不得连环画改。

（4）进行内业计算前要检查外业记录，如有错误或遗漏，应进行重测或补测。

（5）内业计算应仔细。

七、实训记录

导线、水平角和距离测量如实训表 24～实训表 26 所示。

实训表 24　导线测量数据记录表（测回法）

仪器型号：　　　　　　　　天　气：　　　　　　　　日　期：

地　　点：　　　　　　　　观测者：　　　　　　　　记录者：

测站	测回	竖盘位置	目标	角度测量				边长测量		
				水平度盘读数/(° ′ ″)	半测回角值/(° ′ ″)	一测回平均值/(° ′ ″)	各测回平均值/(° ′ ″)	边名	一测回读数/m	一测回平均值/m
		左								
		右								
		左								
		右								
		左								
		右								
		左								
		右								
		左								
		右								
		左								
		右								
		左								
		右								
		左								
		右								

实训表 25 水平角观测记录表（方向观测法）

仪器型号：　　　　　　　　天　气：　　　　　　　　日　期：
地　点：　　　　　　　　观测者：　　　　　　　　记录者：

测站	测回	目标	水平度盘读数 /（°　′　″）		2C /（″）	平均读数 /（°　′　″）	一测回角值 /（°　′　″）	各测回 平均角值 /（°　′　″）	备　注
			盘左	盘右					

实训表26　距离测量记录表

仪器型号：　　　　　　　　　　天　气：　　　　　　　　　　日　期：
地　　点：　　　　　　　　　　观测者：　　　　　　　　　　记录者：

边　名		读数	测　回				气象条件	
测站点	目标点						气温/℃	气压/kPa
		1						
		2						
		3						
		4						
		中数						
		各测回中数						
		读数	测回					
		1						
		2						
		3						
		4						
		中数						
		各测回中数						
		读数	测　回					
		1						
		2						
		3						
		4						
		中数						
		各测回中数						
		读数	测　回					
		1						
		2						
		3						
		4						
		中数						
		各测回中数						
		读数	测　回					
		1						
		2						
		3						
		4						
		中数						
		各测回中数						

八、实训计算

导线内业计算表见实训表 27。

实训表 27　导线内业计算表

点号	观测角 /(° ′ ″)	改正数 /(″)	改正后的角值 /(° ′ ″)	坐标方位角 /(° ′ ″)	边长 D/m	坐标增量 Δx/m		坐标增量 Δy/m		改正后的坐标增量/m		坐标/m	
						计算值	改正数	计算值	改正数	Δx改	Δy改	x	y
Σ													

辅助计算

角度闭合差 $f_\beta=$

角度闭合差允许值 $f_{\beta允}=$

坐标增量闭合差 $f_x=$ ，$f_y=$

导线全长闭合差 $f=$

导线全长相对闭合差 $K=$

实训十六　全站仪后方交会

一、实训目的

（1）熟悉全站仪解析交会测量的技术操作。

（2）掌握全站仪后方交会的技术操作要领。

（3）练习后方交会计算过程。

二、仪器与工具

全站仪1套（含电池、脚架等），棱镜2套（含支架对中杆），记录板，计算器，铅笔，小刀，记录计算表。

三、实训内容

利用全站仪进行后方交会测量，测出待定点的坐标。

四、实训方法与步骤

1. 安置仪器

（1）在测站点 P 上安置全站仪，对中、整平。

（2）已知点安置支架对中杆，进行对中、整平，并将棱镜安装到对中杆上。通过棱镜上的缺口使棱镜对准望远镜，在棱镜架上安装照准用觇板。

2. 后方交会测量

后方交会测量的大致程序如下：

（1）找出全站仪中的后方交会功能。

（2）照准后视点1，输入点名与坐标，按"测量"键。

（3）照准后视点2，输入点名与坐标，按"测量"键。

（4）按"确定"键，全站仪就会自动解算出测站点 P 的坐标及两已知点间的距离。

由于不同型号仪器的操作程序各不相同，实训时应根据各个学校所选用的仪器，在实训指导老师的指导下进行测量。

由于观测时输入了已知点的坐标数据，所以仪器内部程序会自动计算出两个后视点之间的水平距离，并与实际观测出的两后视点之间的水平距离进行比对，计算出两者的差值，即 dHM，可供检核。

五、注意事项

（1）实验前，应做好充分的准备。

（2）使用仪器时，应按要求操作。

（3）架设仪器时，应扣紧仪器与基座的螺旋，以防止仪器从脚架上脱落。

（4）光线过强时，应打开测伞遮住仪器，防止测量误差过大。

（5）注意避开危险圆。

六、实训记录

全站仪后方交会测量记录表见实训表28。

实训表28　全站仪后方交会测量记录表

仪器型号：　　　　　　天　气：　　　　　　日　期：

地　　点：　　　　　　观测者：　　　　　　记录者：

测　点	X/m	Y/m	检核	交会点检核	
后视点1				距离差 dHM/m	
后视点2					
待测点 P					
略图					

实训十七　四等水准测量

一、实训目的

（1）学会用双面尺进行四等水准测量的观测、记录、计算方法。

（2）熟悉四等水准测量的主要技术指标，掌握测站及水准路线的检核方法。

二、仪器与工具

水准仪 1 套（含脚架），双面尺 1 对，尺垫 2 个，记录板，工具包，计算器，铅笔，橡皮，小刀，记录计算表。

三、实训内容

利用 DS3 水准仪即双面尺进行四等水准测量观测，并计算出待测点的高程。

四、实训要求

（1）高差闭合差不超过 $20\sqrt{L}$，在山区不超过 $6\sqrt{n}$。

（2）前后视的距离较差不超过 5 m。

（3）前后视的距离较差累积值不超过 10 m。

（4）视线离地面最低高度为 0.2 m。

（5）基、辅分划或黑、红面读数较差不超过 3 mm。

（6）基、辅分划或黑、红面所测高差较差不超过 5 mm。

五、实训方法与步骤

（1）选定一条闭合或符合水准路线，沿线标定出待定点的地面标志及编号。

（2）在起点（已知高程点）与第一个立尺点之间设站，安置好水准仪以后，按以下顺序开始观测。

1）后视黑面尺，读取上、下丝及中丝读数；分别记入实训表 29 中的第①～③栏中。

2）前视黑面尺，读取上、下丝及中丝读数；分别记入实训表 29 中的第④～⑥栏中。

3）前视红面尺，读取中丝读数；记入实训表 29 中的第⑦栏中。

4）后视红面尺，读取中丝读数；记入实训表 29 中的第⑧栏中。

这种观测顺序简称"后—前—前—后"，四等水准测量也可采用"后—后—前—前"的观测顺序。

实训表29　四等水准测量记录样表

测点编号	后尺	上丝	前尺	上丝	方向及尺号	水准尺读数/m		黑 + K – 红 /mm	高差中数 /m
		下丝		下丝					
	后视距		前视距			黑面	红面		
	视距差 d/m		累计差 Σd/m						
	①		④		后尺	③	⑧	⑬	⑱
	②		⑤		前尺	⑥	⑦	⑭	
	⑨		⑩		后—前	⑮	⑯	⑰	
	⑪		⑫						

（3）本站所有观测记录完毕应随即进行测站计算检核，当观测结果中任何一项超限时，该测站必须重新观测。各测站的计算与检核如下。

1）视距的计算与检核。

后视距：⑨ = ［① – ②］×100；前视距：⑩ = ［④ – ⑤］×100。

前、后视距差：⑪ = ⑨ – ⑩；前、后视距累积差：⑫ = 本站⑪ + 上站⑫。

2）水准尺黑、红面中丝读数差的计算与检核。同一根水准尺黑面与红面中丝读数之差的计算如下。

后尺黑面与红面中丝读数之差：⑬ = ③ + K – ⑧。

前尺黑面与红面中丝读数之差：⑭ = ⑥ + K – ⑦。

3）高差的计算与检核。

黑面尺所测高差：⑮ = ③ – ⑥；红面尺所测高差：⑯ = ⑧ – ⑦。

检核：黑、红面高差之差⑰ = ⑮ – ［⑯ ± 0.100］ 或⑰ = ⑬ – ⑭。

高差的平均值：⑱ = ［⑮ + ⑯ ± 0.100］/2。

（4）仪器迁至下一站时，上一站的前视尺不动，变为下一站的后视尺；上一站的后视尺迁至下一点作为前视尺。每一站的操作方法相同，直至终点。

（5）全线施测完毕后进行下列计算。

1）路线总长（各站前、后视距之和）。

2）各站前、后视距差之和（应与最后一站累积视距差相等）。

3）各站后视读数和、各站前视读数和、各站高差中数之和（应为上两项之差的1/2）。

4）路线闭合差（应符合相关要求）。

5）各站高差改正数及各待定点的高程。

六、注意事项

（1）前、后视距可先由步数概量，再通过视距测量调整仪器位置，使前、后视距大致相等。

（2）每站观测结束后，应立即计算检核，一旦误差超限，应立即重测。全线施测计算完毕，各项检核均已符合要求，即可收测。

（3）记录者要认真负责，当听到观测者所报数据后，要回报给观测者，经确认后，方可记入记录表中。如发现有超限现象，应立即告诉观测者并进行重测。

（4）四等水准测量作业的集体观念很强，全组人员一定要互相合作，密切配合。

（5）严禁为了快出成果而转抄、涂改原始数据。记录的字迹要工整。

（6）四等水准测量记录计算比较复杂，要多想多练，步步检核。

（7）四等水准测量在一个测站的观测顺序应为：后视黑面三丝读数，前视黑面三丝读数，前视红面中丝读数，后视红面中丝读数，称为"后—前—前—后"顺序。当沿土质坚实的路线进行测量时，也可用"后—后—前—前"的观测顺序。

七、实训记录

四等水准测量记录表见实训表30。

实训表30　四等水准测量记录表

测自　　　　至　　　　　　天　气：　　　　　　日　期：
地　点：　　　　　　　　　观测者：　　　　　　记录者：

测点编号	后尺	上丝	前尺	上丝	方向及尺号	水准尺读数/m		黑+K-红/mm	高差中数/m	备注
		下丝		下丝		黑面	红面			
	后视距		前视距							
	视距差 d/m		累计差 Σd/m							
					后尺 K_1					
					前尺 K_2					
					后—前					
					后尺 K_2					
					前尺 K_1					
					后—前					
					后尺 K_1					
					前尺 K_2					
					后—前					
					后尺 K_2					$K_1 =$
					前尺 K_1					$K_2 =$
					后—前					
					后尺 K_1					
					前尺 K_2					
					后—前					
					后尺 K_2					
					前尺 K_1					
					后—前					
					后尺 K_1					
					前尺 K_2					
					后—前					

八、实训计算

水准测量内业计算表见实训表31，成果表见实训表32。

实训表31　水准测量内业计算表

点号	距离/km	实测高差/m	高差改正数/m	改正后高差/m	高程/m	备　注
①	②	③	④	⑤ = ③ + ④	⑥	⑦
Σ						
计算检核						

实训表32　成果表

点　号	等　级	高　程	备　注

实训十八 GNSS-RTK 测量
（以中海达 V90 为例）

一、实训目的

（1）了解 GNSS-RTK 测量的原理。
（2）掌握 GNSS-RTK 测量的基本流程。

二、仪器与工具

GNSS 接收机 2 台，三脚架 2 个，电瓶 1 个，电台 1 个，手簿 2 个，碳素杆 1 个。

三、实训内容

利用电台（外挂）模式进行 RTK 测量。

四、实训要求

（1）将基准站安置在未知点上进行 RTK（实时动态）测量。
（2）基准站应选择在地势较高、四周开阔的位置，高度截止角应超过 15°，周围无信号反射物；应置于微波塔、通信塔等大型电磁波发射源 200 m 外，且应设置于高压输电线、通信线路 50 m 外。
（3）参数计算方式选择四参数 + 高程拟合，高程拟合选择固定差改正方式。
（4）尺度变化无限接近于 1。
（5）完成参数计算后，完成 4 个点的坐标采集。
（6）RTK 作业期间，基准站不允许移动或者关机重新启动，重新启动后必须重新校正。

五、实训方法与步骤

1. 基准站安置
首先选择一台 GNSS 接收机作为基准站接收机（注意查看接收机编号，如 11604624）；然后选择一个合适的地方，将基准站安置在未知点上，并将电台、电瓶、基准站通过电缆连接好，如实训图 30 所示。
2. 设置基准站外挂电台频道
设置基准站外挂电台频道，如设置为 4 频道。
3. 新建项目
（1）打开 Hi-Survey 软件，选择主菜单界面下方的"项目"选项，进入项目界面，如实

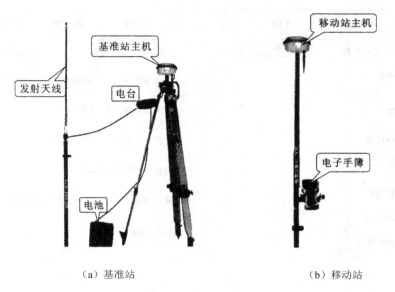

（a）基准站　　　　　　　　　　　（b）移动站

实训图30　GNSS-RTK测量

训图31（a）所示。

（2）新建项目，单击实训图31（a）界面中的项目信息，在新弹出的界面下方输入项目名（如201812201），单击右上角"确定"按钮，如实训图31（b）所示。

（a）　　　　　　　　　　　　　　　（b）

实训图31　新建项目信息

（3）项目设置，在完成步骤（2）后新弹出的界面中单击"坐标系统"，如实训图32（a）所示；选择椭球、投影方式（一般设置为高斯投影三度带）和输入中央子午线经度（如贵阳的105°），如实训图32（b）所示。

（a）　　　　　　　　　　　　（b）

实训图 32　项目设置

4. 启动基准站

（1）首先打开手簿蓝牙，通过蓝牙将手簿与基准站接收机进行连接。首先选择主菜单下方的"设备"选项，如实训图 33 所示；然后在弹出的界面中选择设备连接，找到基准站接收机编码进行连接，如实训图 34 所示。

（2）设置基准站。在设备主菜单界面中选择"设置基准站"，进入基准站设置。

1）设置基准站位置：首先选择基准站设置界面下方的"接收机"选项，进入基准站位置设置。因本实训中是将基准站安置在未知点上，因此选择"平滑采集"符号，如实训

（a）　　　　　　　　　　　　（b）

实训图 33　蓝牙连接

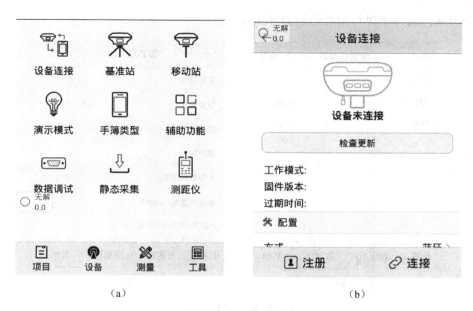

（a）　　　　　　　　　　　　　　　　　（b）

实训图 34　设备连接

图 35（a）所示。然后在弹出的界面中单击下方的"开始"按钮，待采集完毕后单击"确定"按钮，如实训图 35（b）所示。

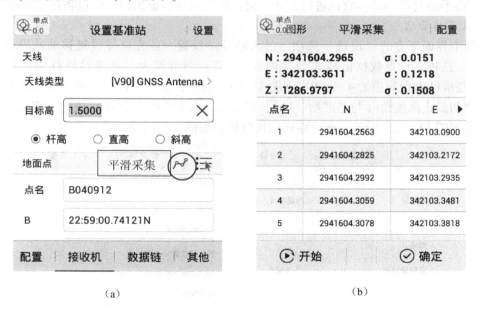

（a）　　　　　　　　　　　　　　　　　（b）

实训图 35　基准站位置

2）数据链模式和其他设置。选择设置基准站界面下方的"数据链"选项，将基准站数据链模式选为"外挂电台"，如实训图 36（a）所示；然后选择界面下方的"其他"选项，设置差分模式、电文格式、定位数据频率和截止高度角，如实训图 36（b）所示；最后单击右上角的"设置"按钮，完成基准站设置，此时会提示基准站设置成功，基准站接收机数据链灯会闪烁，断开手簿与基准站的蓝牙连接。

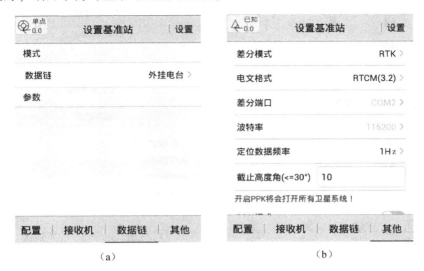

（a）　　　　　　　　　　（b）

实训图 36　基准站设置

5. 移动站连接

首先将移动站接收机与碳素杆以及手簿连接好，如实训图 30（b）所示；然后按照 4 中的（1）将手簿与移动站接收机进行蓝牙连接，连接成功后退出返回到设备选项界面。

6. 设置移动站

选择主界面下方的"设备"选项，进入移动站设置。首先选择设置移动站界面下方的"数据链"选项，设置数据链模式为"内置电台"，频道设为与基准站外挂电台频道一致（例如，基准站电台频道为 4），如实训图 37（a）所示；然后选择"其他"选项，设置定位数据频率和截止高度角（与基准站一致），最后单击右上角的"设置"按钮，完成移动站设置，如实训图 37（b）所示，此时移动站接收机数据链灯会闪烁。

（a）　　　　　　　　　　（b）

实训图 37　移动站设置

7. 控制点源坐标采集与目标坐标输入

（1）控制点源坐标采集：将移动站放置在控制点上，使水准气泡居中，选择手簿主菜单下方的"测量"选项，进入碎步测量，输入控制点点名及杆高，进行平滑采集，并保存；用上述方法完成第2个控制点源坐标的采集。

（2）控制点目标坐标输入：选择主菜单下方的"项目"选项，进入坐标数据，选择控制点，添加两个控制点的NEZ（测量坐标系）三维坐标。

8. 参数计算

（1）计算类型设置。如实训图38（a）所示，选择主菜单下方的"项目"选项，进入参数计算界面，如实训图38（b）所示，设置计算类型为"四参数+高差拟合"，高程拟合选择为"固定差改正"。

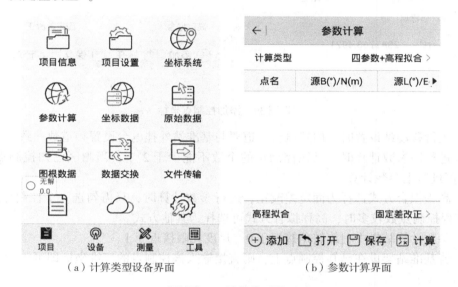

（a）计算类型设备界面　　　　　　（b）参数计算界面

实训图38　计算类型设置

（2）参数计算。选择实训图38（b）中下方的"添加"选项，在新弹出的界面中分别添加同一控制点的源点坐标和目标点坐标（从列表中选取），如实训图39（a）所示，用同样的方法添加第2个控制点的目标坐标数据，如实训图39（b）所示；添加完毕后选择右下角计算选项进行参数计算；查看计算结果，旋转角度接近0，尺度无限接近1，单击"保存"按钮并应用到该项目中。

9. RTK测量

选择测区附近的4个特征点或者独立地物，将移动站安置在被测点上，选择手簿中主菜单下方的"测量"选项，进入测量选项界面；然后选择界面中的"碎步测量"，输入点号和杆高，保存；依次完成4个点的RTK测量。

六、注意事项

（1）基准站接收机应设置为基准站模式，移动站接收机应设置为移动站模式。

（2）新建项目时，中央子午线应输入正确。

实训图 39　添加控制点坐标

（3）进行移动站设置时，内置电台频道要与基准站外挂电台设置频道数一致。

（4）进行四参数计算时，已知控制点的个数不能少于 2 个；当测区已知控制点不少于 3 个时，可进行七参数计算。

（5）高程拟合方式选择为固定差改正，进行参数计算时，只需勾选一个控制点的高程；若已知高程控制点数较多时，高程拟合方式可选择为其他方式。

（6）参数计算结果中，旋转角接近于 0，尺度无限接近于 1。

（7）若基准站架设在已知控制点上，则直接输入该控制点的三维坐标即可。

实训十九 RTK 数字测图

一、实训目的

（1）初步掌握数字化测图的基本过程和基本方法。
（2）GNSS-RTK 数据采集的全过程。
（3）掌握野外绘制草图的方法。
（4）掌握使用 CASS 软件成图的方法和步骤。

二、仪器与工具

1 个班 GNSS-RTK 基准站和电台 1 套，脚架 2 个；每组 GNSS-RTK 移动站 1 套，记录板 1 块；自备铅笔、橡皮、绘制草图用绘图本。

三、实训内容

（1）测绘比例尺为 1∶500 的地形图，等高距为 1 m。
（2）用 GNSS-RTK 测量指定区域内地物地貌的特征点，并绘制草图。
（3）将测量坐标数据传入计算机，用 CASS 软件成图。

四、实训要求

（一）地物、地貌的特征点的选择要求

地物的特征点是指地物的轮廓线和边界线的转折或交叉点。如建筑物、农田等面状地物的棱角点和转角点，道路、河流、围墙等线形地物的交叉点，电线杆、独立树、井盖等点状地物的几何中心等。

地貌的特征点就是山脊线、山谷线、山脚线上的点，以及鞍部点、坡度变换点、方向变换点、最高点、最低点。

为了保证测图质量，即使在地面坡度无明显变化处，也应测绘一定数量的碎部点。

（二）地形图测绘内容及取舍

1. 地物测绘

（1）各类建（构）筑物及其附属设施均应进行测绘。居民区可根据测图比例尺大小或用图需要，对测绘内容和取舍范围适当加以综合。临时性建筑可不测。

（2）建（构）筑物宜用其外轮廓表示，房屋外廓以墙角或外墙皮为准。当建构筑物轮廓凸凹部分在 1∶500 比例尺图上小于 1 mm 或在其他比例尺图上小于 0.5 mm 时，可用直线连接。

（3）街巷的测量，对于 1∶500 和 1∶1 000 的比例尺地形图，应分别实测。

（4）独立性地物的测绘，能按比例尺表示的，应实测外廓，填绘符号；不能按比例尺

表示的，应准确测定其定位点或定位线。

（5）管线转角均应实测。线路密集部分或居民区的低压电力线和通信线，可选择主干线测绘；当管线直线部分的支架、线杆和附属设施密集时，可适当取舍；当多种线路在同一杆柱上时，应标示主要的。

（6）交通及附属设施均应按实际形状测绘。铁路应测注轨面高程，在曲线段应测注内轨面高程，涵洞应测注洞底高程。

（7）水系及附属设施宜按实际形状测绘。水渠应测注渠顶边高程，堤、坝应测注顶部及坡脚高程，水井应测注井台高程，水塘应测注塘顶边及塘底高程。当河沟、水渠在地形图上的宽度小于 1 mm 时，可用单线表示。

2. 地貌测绘

（1）地貌宜用等高线表示。崩塌残蚀地貌、坡、坎和其他地貌，可用相应符号表示。

（2）山顶、鞍部、凹地、山脊、山谷底、山坡脚及坡度变换处（地貌的特征点），应测注高程点。

（3）露岩、独立石、土堆、陡坎等，应注记高程或比高，比高小于 1/2 基本等高距或在图上长度小于 5 mm 时可舍去。当坡、坎较密时，可适当取舍。

3. 植被的测绘

植被的测绘应按其经济价值和面积大小适当取舍，并应符合下列规定。

（1）农业用地的测绘按稻田、旱地、菜地、经济作物地等进行区分，并配置相应符号。一年分几季种植不同作物的耕地，以夏季主要作物为准。

（2）地类界与线状地物重合时，只绘线状地物符号。

（3）梯田坎的坡面投影宽度在地形图上大于 2 mm 时，应实测坡脚；小于 2 mm 时，可量注比高。当两坎间距在 1∶500 比例尺地形图上小于 10 mm 时，可适当取舍。

（4）稻田应测出田间的代表性高程，当田埂宽在地形图上小于 1 mm 时，可用单线表示。

4. 名称标注

居民地、机关、学校、山岭、河流等有名称的应标注名称。

五、实训方法与步骤

1. 室外架设基准站

选择视野开阔且地势较高的地方架设基准站，基准站附近不应有高楼或成片密林、大面积水塘、高压输电线或变压器。基准站一般架设在未知点上，并连接好电台。

2. 新建工程项目

（1）启动 RTK 手簿软件。

（2）新建项目→输入项目名（默认为系统日期）。

（3）设置坐标系统，选择合适的椭球，输入中央子午线经度。

3. 设置基准站

（1）基准站开机，用手簿连接基准站。

（2）基准站设置：等卫星锁定后，输入天线高（就是仪器的斜高），单击"平滑"进行 10 次平滑采集，选择"数据链"（外挂电台）、"差分模式"（RTK）和"差分电文格式"

（CMR）选项。

（3）设置好基准站后，断开手簿和基准站的连接。

4. 设置移动站

（1）手簿连接移动站。

（2）移动站设置：数据链选择"内置电台"，频道和基准站一样，选择"差分电文格式"（CMR）。

（3）等待得到固定解后可以测量。

5. 求解转换参数（四参数+高程拟合）

（1）到已知控制点上，将对中杆放置水平，进入测量界面。单击"平滑采集"按钮采集坐标，回车保存。同样采集其他已知控制点的实地坐标，至少采集两个控制点。

（2）将控制点坐标添加进控制点库。

（3）参数计算：添加源点和目标控制点，至少应该有2个坐标点对。

（4）解算参数。观察比例缩放因子 K 是否接近于1（至少 0.999 9…或者 1.000 0…），核对参数无误后，保存坐标系统，并且更新坐标点库。

6. 碎部测量

进入测量模式，到达地物地貌特征点时，待解类型显示为"固定"时，采集键测量坐标并保存，边测边绘制草图。

7. 内业数据传输

在手簿上先将测量的坐标数据转为 CASS 坐标数据格式，用数据线将手簿和计算机连接起来，将转换后的 CASS 坐标数据文件复制到计算机。

8. 内业成图

根据测量的坐标数据和绘制的草图，利用 CASS 软件进行地形图绘制，绘图的比例为1：500。

六、注意事项

（1）移动站作业的有效卫星数不宜少于5个，PDOP（位置精度强弱度）值应小于6，并应采用固定解成果。

（2）正确地设置和选择测量模式、基准参数、转换参数和数据链的通信频率等，其设置应与基准站相一致。

（3）移动站的初始化应在比较开阔的地点进行，并应避开水域、建构筑物等造成的多路径影响。

（4）作业前，宜检测两个以上不低于图根精度的已知点。检测结果与已知成果的平面较差不应大于图上 0.2 mm，高程较差不应大于 1/5 基本等高距。

（5）作业中，如出现卫星信号失锁，应重新获取初始化，并经重合点测量检查合格后，方能继续作业。

（6）草图的测点编号应与仪器的记录点号相一致。草图的绘制，宜简化标示地形要素的位置、属性和相互关系等；地形图上需注记的各种名称、地物属性等，草图上必须标注清楚。

（7）结束前，应进行已知点检查。

七、控制点坐标数据

控制点坐标数据见实训表 33。

实训表 33 控制点坐标数据

点名	坐标/m		高程/m	备 注
	纵坐标 X	横坐标 Y		

八、实训记录

在外业现场绘制草图，记录地物点的点性，只用于生成等高线的地形点不用记录。将地物点的点性和草图绘制在实训表 34 中。

实训表 34 RTK 数字测图草图表

仪器编号：   测量日期：   项目文件名：   作图：

九、提交成果

完成电子地图一幅，保存为 .dwg 格式。

实训二十 全站仪数字测图

一、实训目的

(1) 初步掌握数字化测图的基本过程和基本方法。
(2) 全站仪数据采集的全过程。
(3) 掌握野外绘制草图的方法。
(4) 掌握使用 CASS 软件成图的方法和步骤。

二、仪器与工具

全站仪 1 台, 脚架 1 个, 棱镜 (含对中杆) 1 套, 小钢尺 1 个, 记录板 1 块。自备铅笔、橡皮、绘制草图用绘图本。

三、实训内容

(1) 测绘比例尺为 1:500 的地形图, 等高距为 0.5 m。
(2) 用全站仪测量指定区域内地物地貌的特征点, 并绘制草图。
(3) 将测量坐标数据传入计算机, 用 CASS 软件成图。

四、实训要求

地物地貌的特征点的选择和地形图测绘内容及取舍要求与 "实训 RTK 数字测图" 要求相同。

五、实训方法与步骤

(1) 在测站点上安置仪器, 量取仪器高。
(2) 开机, 设置棱镜常数 (如果棱镜没换, 可只设置一次)。
(3) 设置温度、气压 (注意温度、气压的单位)。
(4) 进入 "数据采集" 模式, 新建一个文件或调用原来的文件 (每天的测量数据在一个文件中, 文件名为当天的日期)。
(5) 输入 "测站点" 坐标和仪器高。
(6) 输入 "后视点" 坐标, 并且照准后视控制点, 按全站仪的提示和要求完成定向。
测量后视定向点或其他控制点的坐标, 和已知控制点比较, X, Y 相差小于 0.1 m, 高程相差小于 0.1 m。
(7) 将棱镜立在地物地貌的特征点上, 照准棱镜, 输入点号 (第一个碎部点点号输入后, 后续的碎部点点号在该点号的基础上自动累加) 和镜高 (如果棱镜高没有改变, 测其他点时可以不用更改），测量坐标，记录保存。在现场边测边绘制草图。

（8）内业数据传输。将全站仪用数据传输线与计算机连接，用 CASS 软件输出到计算机，并转为南方的数据格式；对于 CASS 不支持的全站仪，可用全站仪自带的数据传输软件输出到计算机，并转为南方的数据格式。

（9）内业成图。根据测量的数据和绘制的草图，利用 CASS 软件进行地形图绘制，绘图的比例为 1:500。

六、注意事项

（1）仪器对中偏差不大于 5 mm。

（2）以较远的测站点（或其他控制点）标定方向（起始方向），以其他的控制点作为检核点，检测结果与已知成果的平面较差不应大于图上 0.2 mm，高程较差不应大于 1/5 基本等高距。

（3）每站数据采集结束时应重新检测标定方向，并应检测不少于两个碎部点。

（4）在现场绘制草图，并对测点进行编号。测点编号应与仪器的记录点号相一致。草图的绘制，宜简化标示地形要素的位置、属性和相互关系等；地形图上需注记的各种名称、地物属性等，草图上必须标注清楚。

七、控制点及测站点数据

1. 已知控制点

控制点坐标数据见实训表 35。

实训表 35　控制点坐标数据

点名	坐标/m		高程/m	备 注
	纵坐标 X	横坐标 Y		

2. 新增测站点

新增站点坐标数据见实训表 36。

实训表 36　新增站点坐标数据

点名	坐标/m		高程/m	备 注
	纵坐标 X	横坐标 Y		

八、实训记录

（1）现场测站记录的内容有时间、测站点点名、后视点点名、仪器高、文件名、开始记录的点号和结束记录的点号。填入实训表 37 中。

实训表 37　全站仪数字测图测站信息记录表

时　间	测站点点名	后视点点名	仪器高	文件名	开始点号	结束点号	备　注

（2）在外业现场绘制草图，记录地物点的点性，只用于生成等高线的地形点不用记录。将地物点的点性和草图绘制在实训表 38 中。

实训表 38　全站仪数字测图草图表

仪器编号：　　　　　测量日期：　　　　　项目文件名：　　　　　作图：

九、提交成果

完成电子地图一幅，保存为 dwg 格式。

实训二十一　高　程　测　设

一、实训目的

（1）学会计算高程测设的数据。
（2）掌握已知高程测设的方法。

二、仪器与工具

水准仪 1 套（含小三脚架），水准尺 1 把，记录板，工具包，计算器，铅笔，橡皮，小刀，记录计算表。

三、实训内容

利用水准仪准确找到需测设高程的位置。

四、实训方法与步骤

测设前，首先应弄清楚测设的距离数据，即设计的高程值 $H_设$；然后弄清楚现场已知高程点的位置，以及待测设高程的物体。

（1）在实训场地上由老师选定一已知水准点 A，并假定其高程为 H_A，指定待测设高程的地物（如墙、柱、杆、桩等），需要放样点 B 的设计高程 H_B。

（2）在与水准点 A 和待测设高程点 B 距离基本相等的地方安置水准仪，整平。在 A 点上放置水准尺，并读取水准尺的读数为 a。

（3）计算仪器视线高程 $H_i = H_A + a$。

（4）计算 B 点的放样数据 $b = H_A + a - H_B$。

（5）将水准尺紧贴在待测设高程的地物侧面，作为前视，上下慢慢移动水准尺，当前视读数为 b 时，用铅笔沿标尺底部在地物上画一条横线，该线条的高程即为待测设高程 H_B 的位置。

五、注意事项

（1）本次实训的难点是精度的控制，测量误差不大于 5 mm 即为合格。
（2）操作规范、配合默契，完成任务越快成绩越好。
（3）坡度较大时，用经纬仪代替水准仪。
（4）如果地面坡度较大，无法将设计高程在木桩顶部或一侧标出时，在桩顶标出改正数即可。

六、实训记录

高程测设记录表见实训表39。

实训表39　高程测设记录表

仪器型号：　　　　　　　　天　气：　　　　　　　　日　期：
地　　点：　　　　　　　　观测者：　　　　　　　　记录者：

已知水准点高程 H_A		后视读数 a		仪器视线高程 H_i	
待测设高程点号	设计高程 H_n/m		前视读数 b/m	备　注	
1					
2					
3					
4					
5					
6					
7					
8					
9					
10					
11				测量误差应不大于 5 mm	
12					
13					
14					
15					
16					
17					
18					
19					
20					
21					
测设后检查	点1与点2的实际高差				
	根据设计高程计算得点1与点2的高差				

实训二十二　直角坐标法放样

一、实训目的

（1）熟悉经纬仪或全站仪的操作。
（2）掌握直角坐标法放样点平面位置的方法。

二、仪器与工具

全站仪1套（含电池、脚架等），棱镜2套（含支架、对中杆），记录板，工具包，计算器，铅笔，橡皮，小刀，记录表。

三、实训内容

建筑物附近已有互相垂直的建筑基线或建筑方格网时，可采用直角坐标法确定点的平面位置。每组同学根据已有的控制点采用直角坐标法放样一个矩形的4个角点。

四、实训方法与步骤

1. 方法

如实训图40所示，用直角坐标法放样出 P、Q、R、S 四点的位置。其中，$a = x_P - x_A$，$b = y_P - y_A$。

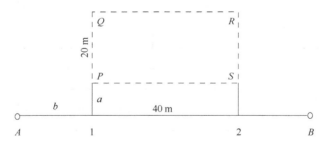

实训图40　直角坐标法测设点位

2. 步骤

（1）计算放样数据。

（2）在 A 点安置全站仪，瞄准 B 点，在 AB 方向线上量 b 得点1，再量40 m得点2。

（3）把全站仪搬到点1处，瞄准 B 点，用盘左、盘右测设90°角，量 a 定出 P 点，再量20 m定出 Q 点。同理，把仪器搬到点2处，依次定出 R、S 两点。

（4）检查：量长边、短边及对角线长度，相对误差应小于1/2 000，测任意夹角，与90°误差小于60″。

五、注意事项

（1）本次实训要注意对角度和距离进行检核，边长相对误差应小于1/2 000，角度误差小于60″。

（2）操作规范、配合默契，完成任务越快成绩越好。

六、实训记录

直角坐标法测设点位记录检核表见实训表40。

实训表40　直角坐标法测设点位记录检核表

仪器型号：　　　　　　　　天　气：　　　　　　　　日　期：
地　　点：　　　　　　　　观测者：　　　　　　　　记录者：

测设数据计算	主要定位点（P）离主要基线点（A）的坐标差	$a =$	$b =$
测设后检查	四大角与设计值（90°）的偏差	$\Delta \angle P =$	$\Delta \angle Q =$
		$\Delta \angle R =$	$\Delta \angle S =$
	四条主轴线边与设计值的偏差	$\Delta D_{PQ} =$	$\Delta D_{QR} =$
		$\Delta D_{PS} =$	$\Delta D_{SR} =$

实训二十三　极坐标放样

一、实训目的

（1）了解极坐标放样的基本原理。
（2）掌握直角坐标法放样点平面位置的方法。

二、仪器与工具

经纬仪1套（含脚架等），花杆2根，钢尺1把，记录板，工具包，计算器，铅笔，橡皮，小刀，记录表。

三、实训内容

（1）极坐标法放样数据计算。
（2）用极坐标法进行点位放样。

四、实训方法与步骤

1. 放样数据计算
（1）如实训图41所示，用坐标反算公式，计算 A 点至 B 点的坐标方位角 α_{AB} 以及 A 点至各轴线交点的坐标方位角 α_{AP}、α_{AQ}、α_{AS}、α_{AR}。

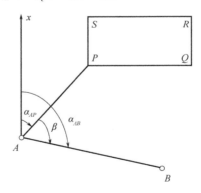

实训图41　极坐标法测设点位

（2）用坐标反算公式，计算 A 点至各轴线交点的水平距离 D_{AP}、D_{AQ}、D_{AS}、D_{AR}。
（3）将计算的放样数据填入实训表41。

2. 现场测设
（1）在 A 点安置经纬仪，对中、整平，照准 B 点，制动照准部，配置水平度盘读数为 α_{AB}。

（2）松开照准部制动螺旋，逆时针方向旋转照准部，当水平度盘读数为 α_{AP} 时，制动照准部，在望远镜视线方向上测设水平距离 D_{AP}，在地面上打桩定点，即得到交点 P。再旋转照准部，当水平度盘读数为 α_{AQ} 时，在望远镜视线方向上测设水平距离 D_{AQ}，在地面上打桩定点，即得到交点 Q。

（3）用同样的方法，依次测设出交点 R 和交点 S。

五、注意事项

（1）按所给的假定条件和数据，计算出放样元素角度和距离。

（2）根据计算出的放样元素进行测设。

（3）计算完毕和测设完毕都必须进行检核。

六、实训记录

极坐标法测设点位记录表见实训表41。

实训表41　极坐标法测设点位记录表

仪器型号：　　　　　　　　天　气：　　　　　　　　日　期：
地　　点：　　　　　　　　观测者：　　　　　　　　记录者：

已知数据	A 点坐标	B 点坐标	P 点坐标	Q 点坐标	R 点坐标	S 点坐标
计算结果	方位角 /（°　′　″）	α_{AB}	α_{AP}	α_{AQ}	α_{AR}	α_{AS}
	水平距离/m		D_{AP}	D_{AQ}	D_{AR}	D_{AS}

实训二十四　全站仪坐标放样

一、实训目的

（1）掌握全站仪的技术操作。

（2）学会用全站仪坐标放样。

二、仪器与工具

全站仪1套（含电池、脚架等），棱镜1套（含棱镜杆），记录板，铅笔，小刀，记录计算表。

三、实训内容

已知两点坐标和放样点的坐标，用全站仪坐标放样的方法测设放样点的点位。

四、实训方法与步骤

1. 安置仪器

（1）在一个控制点上安置仪器，量取仪器高（该控制点为"测站点"）。

（2）设置棱镜常数（如果棱镜没换，可只设置一次）；设置温度、气压（注意温度、气压的单位）。

（3）照准另一控制点（该控制点为"后视点"或"定向点"）。

2. 建站

建站的目的是输入"测站点"坐标和仪器高，设置仪器照准"后视点"时，水平度盘为"测站点"至"后视点"的方位角。

（1）按"MENU"键，进入"菜单"选项，按"放样"键，进入"放样"模式。

（2）在"放样"模式下，如果全站仪中有放样坐标数据文件，则选择该文件；如果没有，则跳过。

（3）输入"测站点"坐标和仪器高，输入"后视点"坐标，根据提示完成建站。

3. 放样

（1）输入放样点设计坐标并检查，确定后屏幕显示的HR为测站点至放样点方向的方位角，HD为测站点到放样点的水平距离，将该距离填入实训表43中。

（2）单击"角度"按钮，显示的dHR为现在照准的方向与放样方向相差的角度。

这时应松开水平制动螺旋和垂直制动螺旋，转动仪器，当dHR小于0°05′以下时，固定水平制动螺旋。转动水平微动螺旋，使dHR=0（在±5″内均可）。

此时不能水平转动仪器，只能转动望远镜。

（3）指挥立镜人将棱镜移动到十字丝中心（观测人可上下转动望远镜），测量距离，查看 dHD 的大小和符号，如符号为负，则指挥立镜人将棱镜向与测站相反的方向移动相应距离；如符号为正，则指挥立镜人向测站方向移动相应距离。一直到 dHD 小于 0.02 m。在前后移动中注意棱镜左右的方向。指挥立镜人在该点处定点，做好标记。

4. 测量

将所有放样点测设完成后，用坐标测量的方法测出放样点的实测坐标，填入实训表 44 中，并与设计坐标对比。

五、注意事项

（1）气象条件对光电测距影响较大，宜选择微风的阴天，且通视较良好的条件下进行观测。

（2）观测时切勿将物镜正对太阳，否则可能会烧坏发光管和接收管。阳光下作业应撑伞保护仪器，否则仪器受热，降低发光管效率，影响测距。

（3）主机应避开高压线、变压器等强电干扰，视线应避开反光物体及有信号干扰的地方，尽量不要逆光观测。若观测时视线临时被阻，该次观测应舍弃并重新观测。

（4）在放样时，通常是手持对中杆，测量时一定要保持对中杆的气泡居中，如果感到困难，可以用对中杆支架配合。

（5）应认真做好仪器和棱镜的对中与整平工作，并使棱镜对准测距仪，否则将产生对中误差及棱镜的偏歪误差和倾斜误差。

（6）在整个操作过程中，观测者不得离开仪器，以避免发生意外事故。

（7）仪器应保持干燥，遇雨后应将仪器擦干，放在通风处，完全晾干后才能装箱。

六、已知数据及放样数据

1. 已知控制点

控制点坐标数据记录表见实训表 42。

实训表 42　控制点坐标数据记录表

点名	坐标/m		高程/m	备　注
	纵坐标 X	横坐标 Y		

2. 放样点

放样点设计坐标记录表见实训表 43。

实训表 43　放样点设计坐标记录表

点名	设计坐标/m		至测站点的距离 /m	备　注
	纵坐标 X	横坐标 Y		

七、实训记录

放样点实测坐标记录表见实训表 44。

实训表 44　放样点实测坐标记录表

点名	实测坐标/m		实测高程/m	备　注
	纵坐标 X	横坐标 Y		

实训二十五　圆曲线主点测设

一、实训目的

（1）学会路线交点转角的测定方法。

（2）掌握圆曲线主点元素和里程的计算方法。

（3）掌握圆曲线主点的测设过程。

二、仪器与工具

经纬仪 1 台，脚架 1 个，花杆 3 根，测钎 1 把，50 m 钢尺 1 把，记录板 1 块。自备铅笔、计算器、计算用纸。

三、实训内容

（1）测定路线交点转角。

（2）计算圆曲线主点里程。

（3）测设圆曲线主点。

四、实训要求

（1）选择的实训场地要适当开阔平整，便于布设圆曲线。

（2）要求现场计算圆曲线元素和主点里程。

五、实训方法与步骤

（1）在开阔平坦的地面上定出路线的三个交点（JD_1、JD_2、JD_3），如实训图 42 所示，并在地面上做好标记，三个交点间的距离尽可能长，最好大于 100 m，角度 $\beta < 120°$。

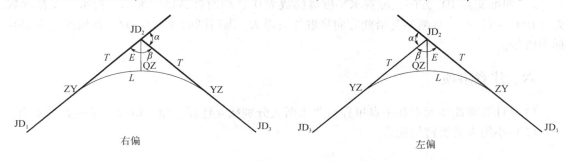

实训图 42　圆曲线测设

（2）在交点 JD_2 上安置仪器，用测回法观测 β 角，观测 1 测回。计算转折角 α。将观测值和计算值填入实训表45。

实训表45 转折角观测计算表

测站	竖盘位置	目标	水平度盘读数 / (°′″)	半测回角值 / (°′″)	β角值 / (°′″)	转折角α角值 / (°′″)

（3）由指导老师现场定出圆曲线半径 $R =$ _____ m。根据 R 和转折角 α 计算圆曲线元素。

$$T = R \cdot \tan \frac{\alpha}{2} =$$

$$L = R \cdot \alpha \cdot \frac{\pi}{180°} =$$

$$E = \frac{R}{\cos \frac{\alpha}{2}} - R = R \cdot \left(\sec \frac{\alpha}{2} - 1 \right) =$$

$$q = 2T - L =$$

（4）假定交点 JD_2 的里程为_____，计算圆曲线主点的里程。

ZY 点桩号 = JD_2 点桩号 – T =

QZ 点桩号 = ZY 点桩号 + $L/2$ =

YZ 点桩号 = ZY 点桩号 + L =

检核　　YZ 点桩号 = JD_2 点桩号 + $T - q$ =

（5）测设圆曲线主点（以曲线右偏为例）。

1）将经纬仪安置在交点桩上，照准交点 JD_1 方向，自测站沿该方向量取切线长 T，得曲线起点 ZY，在地面上标记并标明桩号。

2）照准交点 JD_3 方向，自测站沿该方向量取切线长 T，得曲线终点 YZ，在地面上标记并标明桩号。

3）照准交点 JD_3 方向，配置水平度盘读数为0°，顺时针转动照准部，使水平度盘读数为（180° – α）/2，自测站起沿此方向量取外矢距 E，即得圆曲线中点 QZ，在地面上标记并标明桩号。

六、注意事项

（1）计算圆曲线元素和主点里程时要求两人分别独立计算，相互检核，保证数据正确。

（2）小组人员要密切配合。

实训二十六　偏角法测设圆曲线

一、实训目的

（1）学会用偏角法测设圆曲线。

（2）掌握偏角法测设数据的计算及测设方法。

二、仪器与工具

经纬仪 1 台，脚架 1 个，花杆 3 根，测钎 1 把，50 m 钢尺 1 把，记录板 1 块。自备铅笔、计算器、计算用纸。

三、实训内容

（1）计算偏角法测设数据。

（2）测设圆曲线细部点。

四、实训要求

（1）在实训前，利用实训二十五的圆曲线元素完成测设数据的计算，其中整桩距为 20 m。

（2）利用实训二十五中标定的主点（ZY）和交点 JD_2 测设圆曲线细部点。

五、实训方法与步骤

1. 曲线主点及细部点

如实训图 43 所示，在实训前利用实训二十五中的圆曲线元素计算测设数据，并将计算结果填入实训表 46 中。

圆曲线的偏角就是弦线和切线之间的夹角，以 δ 表示。在实际工作中，为了便于测量和施工，要求各细部点的里程为规定弧长（整桩距）的整倍数，但是曲线的主点 ZY、QZ、YZ 的里程通常不是规定弧长的整倍数，这样圆曲线就为首尾两段弧长为 l_1、l_2 和中间几段相等的整弧长 l。那么弧长 l_1、l_2、l 所对应的圆心角 φ_1、φ_2、φ 分别为

$$\begin{cases} \varphi_1 = \dfrac{180°}{\pi R} \times l_1 \\[2mm] \varphi_2 = \dfrac{180°}{\pi R} \times l_2 \\[2mm] \varphi = \dfrac{180°}{\pi R} \times l \end{cases}$$

弧长 l_1、l_2、l 所对应的弦长 d_1、d_2、d 分别为

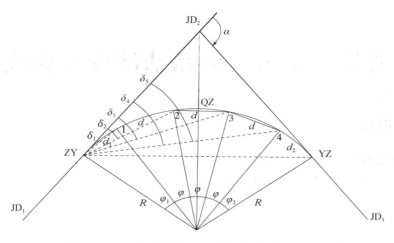

实训图 43   偏角法

$$
\begin{cases}
d_1 = 2R \times \sin \dfrac{\varphi_1}{2} \\[2mm]
d_2 = 2R \times \sin \dfrac{\varphi_2}{2} \\[2mm]
d = 2R \times \sin \dfrac{\varphi}{2}
\end{cases}
$$

各点的偏角为相应弧长所对应圆心角的一半，偏角的计算公式为

$$
\left.
\begin{array}{ll}
\text{第 1 点} & \delta_1 = \dfrac{\varphi_1}{2} \\[3mm]
\text{第 2 点} & \delta_2 = \dfrac{\varphi_1}{2} + \dfrac{\varphi}{2} \\[2mm]
& \vdots \\[2mm]
\text{第 } i \text{ 点} & \delta_i = \dfrac{\varphi_1}{2} + (i-1)\dfrac{\varphi}{2} \\[2mm]
& \vdots \\[2mm]
\text{最后一点（YZ）} & \delta_{\text{YZ}} = \dfrac{\alpha}{2}
\end{array}
\right\}
$$

2. 偏角法测设圆曲线细部点

（1）将经纬仪安置在 ZY 点上，照准交点 JD_2，将水平度盘度数设置为 $0°00'00''$。

（2）松开照准部制动螺旋，转动照准部，配合水平微动螺旋，使水平度盘的读数为 1 点的偏角值 δ_1，沿视线方向自 ZY 点量取弦长 d_1 得曲线上第 1 点，在地面上标记并标明桩号。

（3）松开照准部制动螺旋，转动照准部，配合水平微动螺旋，使水平度盘的读数为 2 点的偏角值 δ_2，从第 1 点量取弦长 d_2 与视线相交得第 2 点。

（4）参照此方法可测设出其余各点，最后一个细部点与圆曲线终点 YZ 的距离为 δ_{YZ}，作为检核。

当线路为左偏时，各细部点放样的偏角值用 $360°$ 减去计算值。

六、注意事项

（1）本次实训是在实训二十五的基础上进行的，要求对实训二十五中的数据和点位要清楚。

（2）计算偏角法测设数据时要求两人分别独立计算，相互检核，保证数据正确。

（3）小组人员要密切配合。

实训表 46　偏角法放样数据计算表

里程桩号	相邻两桩间弧长 l_i/m	圆心角 φ	偏角值 δ	相邻两桩间弦长 d_i/m

实训二十七　用全站仪测设圆曲线

一、实训目的

（1）掌握全站仪坐标测量的方法。
（2）掌握圆曲线中桩坐标的计算方法。
（3）掌握用全站仪测设圆曲线的方法。

二、仪器与工具

全站仪1台，脚架1个，棱镜1套（含对中杆），记录板1块。自备铅笔、计算器、计算用纸。

三、实训内容

（1）测量交点坐标。
（2）计算圆曲线元素。
（3）计算圆曲线细部点（中桩）坐标。
（4）用全站仪测设圆曲线。

四、实训要求

（1）利用实训十五中的导线点坐标测量实训二十五中三个交点坐标，需用支架对中杆或基座棱镜。
（2）现场根据 JD_1、JD_2、JD_3 坐标计算 JD_2 至 JD_1、JD_3 及圆心 O 的方位角和转折角 α。
（3）根据指导老师给定的圆曲线半径计算主点坐标及中桩坐标。
（4）用全站仪坐标放样的方法测设圆曲线。

五、实训方法与步骤

（1）在实训十五中的一个导线点上安置全站仪，以其他的导线点定向，用坐标测量的方法测出交点 JD_1、JD_2、JD_3 的坐标。
（2）如实训图44所示，根据 JD_1、JD_2、JD_3 坐标计算 JD_2 至 JD_1、JD_3 及圆心 O 的方位角和转折角 α。

$$\alpha_{2-1} = \arctan \frac{y_1 - y_2}{x_1 - x_2} =$$

$$\alpha_{2-3} = \arctan \frac{y_3 - y_2}{x_3 - x_2} =$$

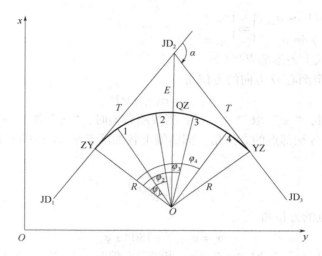

实训图44　全站仪圆曲线测设

左偏时，转折角 $\alpha = (\alpha_{2-1} \pm 180°) - \alpha_{2-3} =$

右偏时，转折角 $\alpha = \alpha_{2-3} - (\alpha_{2-1} \pm 180°) =$

$\alpha_{2-0} = \alpha_{2-1} \pm (180° - \alpha)/2$

上式中，当线路左偏时，"$\pm$"取"$+$"号；当线路右偏时，"$\pm$"取"$-$"号。

（3）假定圆曲线的半径为_____，JD_2 的里程为_____，计算圆曲线元素及主点里程。

$$T = R \cdot \tan \frac{\alpha}{2} =$$

$$L = R \cdot \alpha \cdot \frac{\pi}{180°} =$$

$$E = \frac{R}{\cos \frac{\alpha}{2}} - R = R \cdot \left(\sec \frac{\alpha}{2} - 1 \right) =$$

$$q = 2T - L =$$

$$ZY \text{ 点桩号} = JD_2 \text{ 点桩号} - T =$$

$$QZ \text{ 点桩号} = ZY \text{ 点桩号} + L/2 =$$

$$YZ \text{ 点桩号} = ZY \text{ 点桩号} + L =$$

检核　　YZ 点桩号 $= JD_2$ 点桩号 $+ T - q =$

（4）计算主点 ZY、QZ、YZ 及圆心 O 的坐标。

$$\left. \begin{array}{l} x_{zy} = x_2 + T\cos \alpha_{2-1} \\ y_{zy} = y_2 + T\sin \alpha_{2-1} \end{array} \right\} \Rightarrow \left\{ \begin{array}{l} x_{zy} = \\ y_{zy} = \end{array} \right.$$

$$\left. \begin{array}{l} x_{yz} = x_2 + T\cos \alpha_{2-3} \\ y_{yz} = y_2 + T\sin \alpha_{2-3} \end{array} \right\} \Rightarrow \left\{ \begin{array}{l} x_{yz} = \\ y_{yz} = \end{array} \right.$$

$$\left. \begin{array}{l} x_{QZ} = x_2 + E\cos \alpha_{2-0} \\ y_{QZ} = y_2 + E\sin \alpha_{2-0} \end{array} \right\} \Rightarrow \left\{ \begin{array}{l} x_{QZ} = \\ y_{QZ} = \end{array} \right.$$

$$\left.\begin{array}{l} x_O = x_2 + (E+R)\cos\alpha_{2-1} \\ y_O = y_2 + (E+r)\sin\alpha_{2-1} \end{array}\right\} \Rightarrow \left\{\begin{array}{l} x_O = \\ y_O = \end{array}\right.$$

（5）计算圆曲线上各细部点坐标。

1）计算 ZY 点至圆心 O 方向的方位角。

$$\alpha_{ZY-O} = \alpha_{2-1} \pm 90°$$

式中，当线路左偏时，"±"取"+"号；当线路右偏时，"±"取"−"号。

2）计算圆心至各细部点的方位角。圆曲线上各细部点至 ZY 点的弧长为 l_i，其所对应的圆心角

$$\varphi_i = \frac{180°}{\pi R} \times l_i$$

圆心至各细部点的方位角

$$\alpha_i = \alpha_{ZY-O} + 180° \pm \varphi_i$$

式中，当线路左偏时，"±"取"−"号；当线路右偏时，"±"取"+"号。

3）计算各细部点坐标。细部点 i 的坐标

$$\left\{\begin{array}{l} x_i = x_O + R\cos\alpha_i \\ y_i = y_O + R\sin\alpha_i \end{array}\right.$$

将计算的中间结果和最终结果填入实训表 47 中。

（6）将全站仪安置在已知的控制点（实训十五中的导线点）上，用全站仪坐标放样的方法测设圆曲线。

六、注意事项

（1）本次实训计算内容较多，可安排在室内计算。

（2）计算数据时要求两人独立计算，相互检核，保证数据正确。

（3）小组人员要密切配合。

七、实训记录

圆曲线中桩记录表见实训表 47。

实训表 47　圆曲线中桩记录表

里程桩号	各点至 ZY 弧长 l_i/m	圆心角 φ	半径/m	圆心至各细部点的方位角 α_i	坐标/m	
					X	Y

里程桩号	各点至 ZY 弧长 l_i/m	圆心角 φ	半径/m	圆心至各细部点的方位角 α_i	坐标/m	
					X	Y

ZY 点至圆心 O 方向的方位角 $\alpha_{ZY-O}=$

圆心至各细部点的方位角 $\alpha_i = \alpha_{ZY-O} + 180° \pm \varphi_i$

$x_O =$

$y_O =$

实训二十八　纵断面图测绘

一、实训目的

（1）熟悉纵断面测量的方法。
（2）掌握纵断面测量的记录及计算。
（3）掌握纵断面图绘制的方法。

二、仪器与工具

自动安平水准仪1台，脚架1个，水准尺1根，尺垫1块，记录板1个，自备铅笔、计算器。

三、实训内容

（1）如实训图45所示，利用"实训四　普通水准测量"或"实训十七　四等水准测量"中的水准点作为已知水准点，在其中两个已知水准点之间，选择300～500 m的路线，按20 m的桩距设置中桩，利用视线高法测量各中桩的高程。
（2）用测量的数据绘制纵断面。

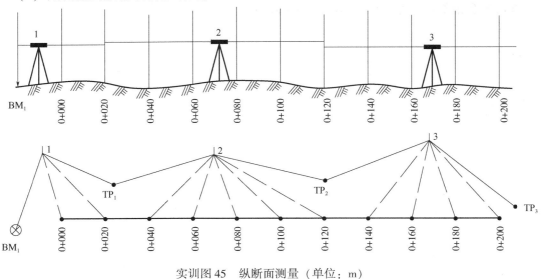

实训图45　纵断面测量（单位：m）

四、实训要求

（1）在每一个测站上，标尺至水准仪的距离不应超过150 m，仪器至前后两转点的距离差不应超过 20 m，仪器至各间视点距离与转点距离的不等差不加限制。

（2）附合到已知点的闭合差 $f_{h允} = \pm 40\sqrt{L}$。

（3）纵断面的水平距离比例为 1∶1 000，高程比例为 1∶100。

（4）如条件允许，可用 CAD 软件绘制纵断面图。

五、实训方法与步骤

1. 纵断面的测量

（1）如实训图 45 所示，先将仪器安置于能同时和已知水准点及各中桩通视的位置，照准已知水准点的水准尺，读取后视读数，记入实训表 48 "后视"栏中，旋转仪器依次照准各中桩上的水准尺的读数，将读数记入实训表 48 的"间视"栏内，这样就可以根据已知水准点的高程计算视线高，记入实训表 48 的"视线高"栏内。

视线高 = 后视点高程 + 后视尺读数

（2）用视线高减去间视读数得到各中桩高程。

（3）在该测站上，和后面的桩点不同视，故在适当位置设置一个转点 TP_1，将标尺立在 TP_1 点上，照准 TP_1 上的水准尺，读取读数，记入实训表 48 的"前视"栏中，同样用视线高减去前视读数得 TP_1 的高程。

（4）第一站测完后，将仪器迁至与 TP_1 和后面若干个桩点通视的位置，后视转点 TP_1 的水准尺，读取后视读数，记入实训表 48 的"后视"栏中，用 TP_1 的高程计算视线高。旋转仪器依次照准其他中桩的水准尺的读数，将读数记入实训表 48 的"间视"栏内，用视线高减去间视读数得到各中桩高程。

依照上述步骤，逐站施测，随记随算，测至适当的距离与水准点联测，以便检查所测成果是否超限。

2. 纵断面图的绘制

（1）纵断面测量完成后，整理外业观测成果，经检查无误后，即可绘制纵断面图。

（2）在坐标纸的左下角绘制图标，自上至下依次分桩号、地面高程、设计坡度、渠底设计高程、挖深、填高等栏目。按水平距离比例尺定出各里程桩和加桩的位置，在桩号栏注上桩号。将里程桩和加桩的实测高程记入地面高程栏内。

（3）根据下面栏目中注明的最小地面高程确定标高线的起点高程，以保证地面最低点能在图上标出并留有余地。标高线的起点高程应为整米数，起点往上按高程比例尺划分每米区间，并标注相应的高程数值。

（4）根据各里程桩和加桩的地面高程，按高程比例尺在相应的纵线上标出断面点的位置，用直线将各点依次连接起来，即绘成纵断面图。

六、注意事项

（1）前、后视读数需读至毫米，间视读数一般可读至厘米。

（2）视线长一般不宜大于 100 m，最长不超过 150 m。

（3）同一测站上观测时，禁止移动水准仪。

（4）转点应选择在坚实、凸起的地点，或者安置尺垫。

（5）进行观测时各测点上不放尺垫。

（6）在计算高程时用的视线高是指本测站的水准仪水平视线高度。

（7）在使用 CAD 软件绘图时要注意以下两点。

1）绘制纵断面图时，先以（0，0）为基点，以 m 为单位绘制水平距离比例和高程比例相同的纵断面图，即 1 个图形单位 =1 m，便于在图上直接查询距离和高程。

2）根据上图修改断面线的纵横比，在相应位置标注里程桩号、地面高程等，使其符合断面图绘制的要求。

七、实训记录

纵断面测量记录表见实训表 48。

实训表 48 纵断面测量记录表

测站	点号	后视/m	视线高/m	间视/m	前视/m	高程/m	备　注

实训二十九　横断面图测绘

一、实训目的

（1）熟悉横断面测量的方法。
（2）掌握横断面测量的记录及计算。
（3）掌握横断面图绘制的方法。

二、仪器与工具

自动安平水准仪1台，脚架1个，水准尺1根，尺垫1块，皮尺1个，花杆2根，记录板1个，自备铅笔、计算器。

三、实训内容

测量"实训二十八　纵断面图测绘"中各中桩的横断面并绘制横断面图。
（1）在坡度较大的断面处，用花杆置平法测量横断面，如实训图46所示。

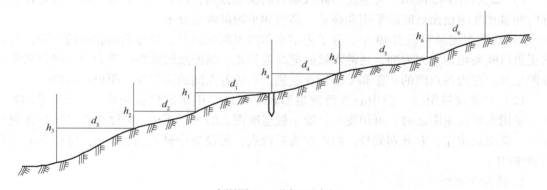

实训图46　花杆置平法

（2）当中心线两侧地形较平坦，或对测量精度要求较高时，用水准仪量距法测量横断面，如实训图47所示。
（3）绘制横断面图。

四、实训要求

（1）横断面的方向应与路线方向垂直。
（2）假设中桩的高程为0。
（3）横断面图的水平距离比例和高程比例为1∶100。
（4）如条件允许，可用CAD软件绘制横断面图。

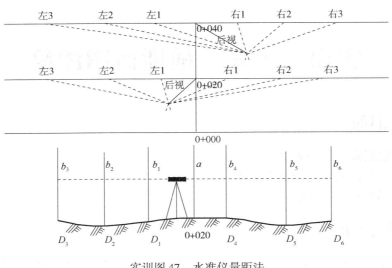

实训图 47　水准仪量距法

五、实训方法与步骤

1. 横断面测量

（1）花杆置平法。

1）如实训图 46 所示，先标定与路线垂直的断面方向，然后从中桩起，用两根花杆在此方向测量相邻两地面点间的平距和高差。高差和平距都取至分米。

2）将数据记录实训表 49 中，分子表示相邻两点间的高差，分母表示相应的平距；高差的正负以断面延伸方向为准，延伸点较高则高差为正，延伸点较低则高差为负。测量结果应分侧记录，左边各点间的高差和平距记在左侧，右边各点间的高差和平距记在右侧。

（2）水准仪量距法。当中心线两侧地形较平坦时，用水准仪量距法，如实训图 47 所示。采用水准仪量距法时，可用皮尺量取中桩至断面点的水平距离，用视线高法测量各测点高程。断面点按左、右分别编号，以中桩为后视点，假设备中桩的高程为 0，将数据记录实训表 50 中。

2. 横断面图绘制

（1）采用比例尺为 1∶100 绘制横断面图。

（2）绘制横断面图时，先在适当位置标定桩点，并注上桩号和高程；然后以桩点为中心，以横向代表平距，纵向代表高差，根据所测横断面成果标出各断面点的位置，用直线依次连接各点即得横断面线。

（3）在一张坐标纸上绘制多个横断面，必须依照桩号顺序从上至下、从左至右排列；同一纵列的各横断面中心桩应在同一纵线上，彼此之间隔开一定距离，以便于横断面的设计。

六、实训记录

花杆置平法和水准仪量距法测量横断面记录表分别见实训表 49 和实训表 50。

实训表 49　花杆置平法测量横断面记录表

左 侧 断 面	里程桩	右 侧 断 面

实训表 50 水准仪量距法测量横断面记录表

测站	点号	距中桩距离/m	后视	视线高	前视	间视	高程	备注

第二部分
习　题

习题一 水 准 测 量

1. 设 A 点为后视点，B 点为前视点。A 点的高程为 1 175.268 m，当后视读数为 1.234 m、前视读数为 1.456 m 时，A 点到 B 点的高差是多少？B 点比 A 点高还是低？B 点的高程为多少？试绘图说明。

2. 已知 A 点为后视点，B、C、D 三点为间视点。A 点的高程为 1 175.268 m，当后视读数为 1.234 m，B、C、D 三点对应的间视读数分别为 1.112 m、1.248 m、1.345 m 时，视线高为多少？B、C、D 三点的高程为多少？

3. 习题图 1 所示为一连续水准测量，各测站的前、后视读数在图中已注明，A 点高程为 1 175.268 m，将其观测数据填入习题表 1 中，并计算各测站的高差和 B 点的高程。

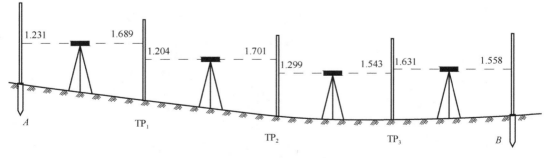

习题图 1（单位：m）

习题表1 普通水准测量记录表

测站	测点	水准尺读数/m		高差/m	高程/m	备注
		后视读数	前视读数			
Σ						
检核计算	$h_{AB} = \sum\limits_{i=1}^{n} a_i - \sum\limits_{i=1}^{n} b_i =$					

4. 习题图2所示为一场地平整时的两站观测数据，A 点为已知点，高程为 1 175.268 m，将观测数据填在习题表2中，并计算各点的高程。

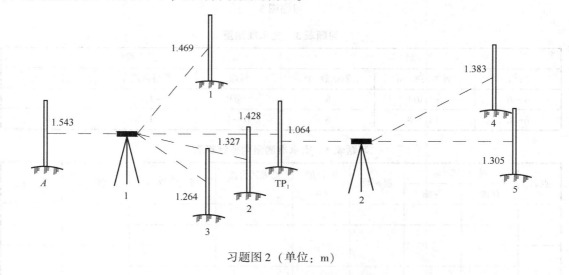

习题图2（单位：m）

习题表2 视线高法水准测量记录表

测站	测点	后视读数/m	视线高/m	前视读数/m	间视读数/m	高程/m	备注

续表

测站	测点	后视读数/m	视线高/m	前视读数/m	间视读数/m	高程/m	备 注

5. 习题图 3 所示为一图根级支水准路线，A 点的高程为 1 175.268 m，习题表 3 为观测数据，根据表中数据完成习题表 4。

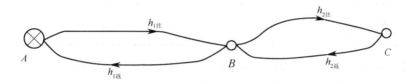

习题图 3

习题表 3　支水准测量

往　测			返　测		
线路	观测高差/m	测站数/个	线路	观测高差/m	测站数/个
$A—B$	+1.011	8	$A—BM_1$	-1.009	8
$B—C$	+1.568	6	$B—A$	-1.574	6

习题表 4　支水准测量内业计算表

点名	观测高差/m		测站数	允许值/m	高差闭合差/m	高差中数/m	高程/m	备 注
	往测	返测						

注：各测段的高差闭合差 $f_h = \sum h_{往} + \sum h_{返}$，$f_{h允} = \pm 12\sqrt{N}$，其中 N 代表各测段单程的测站数。

6. 某一图根级闭合水准路线，各测段的高差观测值及测段长度如习题表 5 所示，已知点 BM_0，其高程为 1 175.268 m，完成习题表 5 中的高程计算。

习题表5 闭合水准内业计算

点号	测段长度/km	实测高差/m	高差改正数/m	改正后高差/m	高程/m	备　注
BM₀						
	2.2	+4.626				
A						
	1.8	−2.123				
B						
	1.6	−5.278				
C						
	2.1	+2.870				
BM₀						
Σ						
检核计算	$f_h = \sum h_测 =$ $f_{h容} = \pm 40\sqrt{L} =$					

7. 习题图4所示为一图根级附合水准路线，已知 A 点的高程为 1 175.268 m，B 点的高程为 1 173.717 m，点1、2、3为待测水准点，观测数据如习题图4中所示，则根据图中数据完成习题表6。

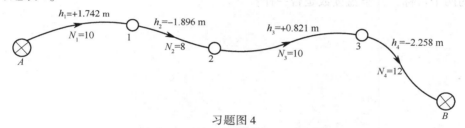

习题图4

习题表6 附合水准测量内业计算表

点号	测站数	实测高差/m	高差改正数/m	改正后高差/m	高程/m	备　注
Σ						
检核计算	$f_h = \sum h_测 - (H_终 - H_始) = \sum h_测 - (H_B - H_A) =$ $f_{h允} = \pm 12\sqrt{N} =$					

习题二 角度测量

1. 什么是水平角？其取值范围是多少？若用经纬仪或者全站仪照准同一竖直面内不同高度的两个目标时，其水平度盘的读数是否一样？

2. 什么是竖直角？其取值范围是多少？若照准某一目标点时，通过改变仪器高度，观测这一目标2次，则2次计算出的竖直角是否一样？若用经纬仪或全站仪观测同一高度不同位置上的两个目标，其竖盘读数是否一样？

3. 测回法使用于什么情况的水平角观测？简述测回法的观测步骤。

4. 观测水平角时，如果要观测2个以上测回，为什么各测回间要变换起始方向水平度盘读数？假如确定观测4个测回，那么各测回盘左起始方向水平度盘读数应分别设置为多少？

5. 用全站仪采用测回法观测水平角，观测数据如习题图 5 所示，将数据记入习题表 7 中，计算水平角值。

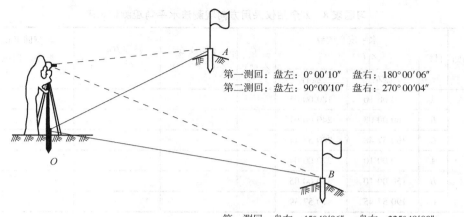

第一测回：盘左：0°00′10″   盘右：180°00′06″
第二测回：盘左：90°00′10″   盘右：270°00′04″

第一测回：盘左：45°48′06″   盘右：225°48′00″
第二测回：盘左：135°47′59″ 盘右：315°47′54″

习题图 5

习题表 7   测回法水平角观测记录表

测站	测回	竖盘位置	目标	水平度盘读数 /(° ′ ″)	半测回角值 /(° ′ ″)	一测回角值 /(° ′ ″)	各测回平均角值 /(° ′ ″)	备 注

6. 方向法观测水平角时，有哪几个限差？

7. 习题表 8 为 2″全站仪采用方向观测法水平角观测记录表，根据表中观测数据，完成其他计算内容并检查各项限差是否满足规范要求。

习题表 8　2″全站仪采用方向观测法水平角观测记录表

测站	测回	目标	水平度盘读数 /（ °　′　″）		2C /（″）	平均读数 /（ °　′　″）	归零方向值 /（ °　′　″）	各测回平均 归零方向值 /（ °　′　″）	备注
			盘左	盘右					
O	1	A	0 00 10	180 00 05					
		B	60 00 08	240 00 01					
		C	100 57 48	280 57 44					
	2	A	90 00 10	270 00 04					
		B	150 00 10	330 00 05					
		C	190 57 45	10 57 39					

注：2C = 盘左读数 − 盘右读数 ±180°，平均读数 =（盘左读数 + 盘右读数 ±180°）/2。

8. 习题表 9 为 2″全站仪采用全圆观测法水平角观测记录表，根据表中数据，完成相应的计算并检查各项限差是否在规定范围内。

习题表 9　2″全站仪采用全圆观测法水平角观测记录表

测站	测回	目标	水平度盘读数 /（ °　′　″）		2C /（″）	平均读数 /（ °　′　″）	归零方向值 /（ °　′　″）	各测回平均 归零方向值 /（ °　′　″）	备注
			盘左	盘右					
O	1	A	0 00 10	180 00 06					
		B	88 18 20	268 18 14					
		C	182 27 48	2 27 40					
		D	276 25 18	96 25 13					
		A	0 00 06 Δ =	180 00 05 Δ =					
O	2	A	90 00 10	270 00 05					
		B	178 18 18	358 18 15					
		C	272 27 45	92 27 40					
		D	6 25 20	186 25 16					
		A	90 00 08 Δ =	270 00 05 Δ =					

9. 什么是竖盘指标差？如何计算竖盘指标差和检验竖盘指标差？

10. 用一台 2″的全站仪（竖盘为顺时针注记）观测一高处目标，盘左竖盘读数为 84°44′24″，盘右竖盘读数为 275°15′32″，试计算竖直角和竖盘指标差。如仍用这台仪器盘左照准一目标，竖盘读数为 85°35′25″，计算竖直角。

11. 用一台 2″的全站仪进行竖直角观测，竖盘位于盘左，当望远镜视线水平时，竖直度盘的读数为 90°，当望远镜上抬观测时，竖直度盘读变表小，根据习题表 10 的观测数据，计算竖盘指标差 x 和竖直角 α。

习题表 10　竖直角观测记录计算表

测站	目标	竖盘读数		指标差 / (″)	竖直角 / (° ′ ″)	备 注
		盘左 / (° ′ ″)	盘右 / (° ′ ″)			
O	A	71 44 09	288 16 10			
	B	96 32 55	263 27 20			
	C	81 34 26	278 25 52			
	D	94 33 41	265 26 35			

注：$x = \dfrac{1}{2}(R + L - 360°)$，$\alpha = 90° - L + x = R - 270° - x$。

12. 经纬仪或全站仪有哪些主要轴线？根据角度测量原理，它们应该是怎样的理想关系？

13. 简述全站仪视准轴垂直于横轴的检验和校正方法。

14. 角度测量误差来源于仪器误差影响的项目有哪些？通过盘左、盘右观测，可以消除哪些误差？

15. 简述角度观测时应注意的事项。

习题三 距离测量与直线定向

1. 距离测量结果的精度如何衡量？设测量 AB、CD 两段距离：AB 的往测长度为 246.68 m，返测长度为 246.61 m；CD 的往测长度为 435.86 m，返测长度为 435.72 m。这两段距离测量的精度是否相同？如果不同，哪一段的测距精度高？

2. 在平坦地面，用钢尺一般方法测量 A、B 两点之间的水平距离，往测长度为 132.478 m，返测长度为 132.467 m，则水平距离 D_{AB} 应等于多少？其相对误差是多少？

3. 用钢尺往、返测量 A、B 两点之间的水平距离，其平均值为 286.735 m，现要求量距的相对误差为 1/5 000，则往、返测量距离之差不能超过多少？

4. 完成习题表 11 中所列视距测量观测成果的计算。

习题表 11　视距测量计算表

测站：A　　　　　　测站高程：70.44 m　　　　　　仪器高：1.36 m　　　　　　竖盘指标差：0

点号	下丝读数 上丝读数 视距间隔	中丝读数 v/m	竖盘读数 L / (° ′)	竖直角 α / (° ′)	高差 h/m	高程 H/m	水平距离 D/m	备注
1	2.268 1.454	1.88	90　00					
2	1.776 0.902	1.36	84　30					
3	2.550 0.503	1.36	97　26					
4	2.888 1.180	2.00	76　13					
5	2.570 1.420	1.80	123　45					竖盘为 顺时针 分划注 记
6	2.481 1.048	1.50	97　48					
7	2.753 1.898	1.61	83　22					
8	1.824 0.947	1.42	86　43					
9	2.174 1.259	1.73	94　51					
10	2.031 1.152	1.643	87　36					

5. 已知某直线的象限角为北西 62°35′，求它的坐标方位角。

6. 设已知各直线的坐标方位角分别为 37°58′、105°23′、200°42′、347°35′，试分别求出它们的象限角与反坐标方位角。

7. 如习题图 6 所示，已知 $\alpha_{AB} = 58°06′$，$\beta_B = 131°25′$，$\beta_C = 137°43′$，试求其余各边的坐标方位角。

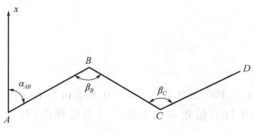

习题图 6

8. 如习题图 7 所示，已知 A、B 两点的正方位角 $\alpha_{AB} = 75°48'$，三角形内角 $\angle ABC = 53°12'$，$\angle BAC = 58°36'$，求坐标方位角 α_{BA}、α_{CB}、α_{CA}、α_{BC}。

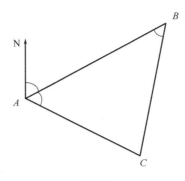

习题图 7

9. 已知 A 点的坐标 $x_A = 441.29$ m，$y_A = 443.20$ m，A、B 两点之间的距离 $D_{AB} = 190.78$ m，AB 边的坐标方位角 $\alpha_{AB} = 158°40'24''$。试计算 B 点的坐标（保留两位小数）。

10. 已知 A 点的坐标 $x_A = 106.580$ m，$y_A = 649.886$ m，B 点的坐标 $x_B = 174.789$ m，$y_B = 619.024$ m。试求 AB 边的坐标方位角和水平距离（方位角保留到秒，距离保留到毫米）。

习题四 控 制 测 量

1. 如习题图 8 所示闭合导线,观测数据与已知数据见习题表 12,据此完成习题表 12 中的计算(坐标保留两位小数)。

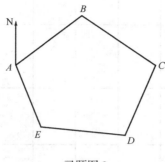

习题图 8

2. 如习题图 9 所示附合导线,观测数据与已知数据见习题表 13,据此完成习题表 13 中的计算(坐标保留两位小数)。

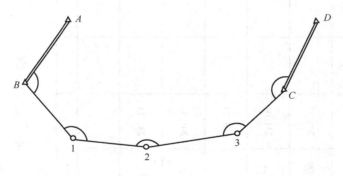

习题图 9

3. 有一条附合导线,已知数据为:$x_A = 347.310$ m,$y_A = 347.310$ m;$x_B = 700.000$ m,$y_B = 700.000$ m;$x_C = 655.369$ m,$y_C = 1\ 256.061$ m;$x_D = 422.497$ m,$y_D = 1\ 718.139$ m。观测数据为:$\beta_B = 120°30'18''$,$\beta_1 = 212°15'12''$,$\beta_2 = 145°10'06''$,$\beta_C = 170°18'24''$,$D_{B1} = 297.26$ m,$D_{12} = 187.81$ m,$D_{2C} = 93.40$ m。导线的推算方向为 $A→B→1→2→C→D$,观测角为右角,画出其略图,并在图上标出相关数据,参照习题表 13,计算 1、2 点的坐标。

习题表 12　闭合导线计算表

点号	观测角 /(° ′ ″)	改正数 /(″)	改正后的角值 /(° ′ ″)	坐标方位角 /(° ′ ″)	边长 D /m	坐标增量 Δx/m		坐标增量 Δy/m		改正后的坐标增量/m		坐标/m	
			④=②+③			计算值	改正数	计算值	改正数	Δx改	Δy改	x	y
①	②	③	④	⑤	⑥	⑦	⑧	⑨	⑩	⑪	⑫	⑬	⑭
A				65 18 00	200.37							1 050.00	1 050.00
B	135 48 26												
C	84 10 06				241.04								
D	108 26 30				263.39								
E	121 27 24				201.58								
A	90 07 06				231.73								
B													
Σ													

辅助计算

角度闭合差 $f_\beta = \Sigma\beta_测 - (n-2) \times 180° =$

角度闭合差允许值 $f_{\beta允} = \pm 40''\sqrt{N} =$ ，　$|f_\beta| < |f_{\beta允}|$，满足要求。

坐标增量闭合差 $f_x = \Sigma\Delta x_测 =$ 　　　$f_y = \Sigma\Delta y_测 =$

导线全长闭合差 $f_D = \sqrt{f_x^2 + f_y^2} =$

导线全长相对闭合差 $K = \dfrac{f_D}{\Sigma D} =$

习题表13　附合导线计算表

点号 ①	观测角 /(°′″) ②	改正数 /(″) ③	改正后的角值 /(°′″) ④=②+③	坐标方位角 /(°′″) ⑤	边长 D /m ⑥	坐标增量 Δx/m 计算值 ⑦	改正数 ⑧	坐标增量 Δy/m 计算值 ⑨	改正数 ⑩	改正后的坐标增量 Δx改/m ⑪	Δy改/m ⑫	坐标/m x ⑬	y ⑭
A													
B	114 17 06			224 02 40								741.97	1 169.52
						182.20							
1	146 58 54					121.37							
2	135 12 12					189.60							
3	145 38 06					150.85							
C	158 02 48			24 10 48								638.43	1 631.50
D													
Σ													

辅助计算

$\alpha'_{CD} = \alpha_{AB} - \Sigma\beta + n \times 180° =$

角度闭合差 $f_\beta = \alpha'_{CD} - \alpha_{CD} =$

角度闭合差允许值 $f_{\beta允} = \pm 40''\sqrt{n} = \pm 40''\sqrt{n} =$

坐标增量闭合差 $f_x = \Sigma\Delta x_测 - (x_终 - x_始) =$　　　$f_y = \Sigma\Delta y_测 - (y_终 - y_始) =$

导线全长闭合差 $f_D = \sqrt{f_x^2 + f_y^2} =$

导线全长相对闭合差 $K = \dfrac{f_D}{\Sigma D} =$

4. 如习题图10所示的闭合导线，已知1点的坐标 $x_1 = 5\,032.70$ m，$y_1 = 4\,537.66$ m，12边的坐标方位角 $\alpha_{12} = 97°58'08''$。各观测数据分别为：$\beta_1 = 125°52'04''$，$\beta_2 = 82°46'29''$，$\beta_3 = 91°08'23''$，$\beta_4 = 60°14'02''$，$D_{12} = 100.29$ m，$D_{23} = 78.96$ m，$D_{34} = 137.22$ m，$D_{41} = 78.67$ m。参照习题表12，将观测数据和已知数据填入表中，计算闭合导线各点坐标。

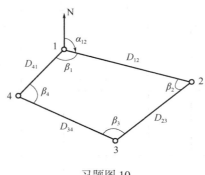

习题图10

5. 如习题图11所示的前方交会，已知数据和观测数据见习题表14，试完成习题表中的相关计算。

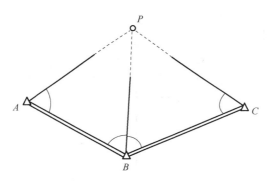

习题图11

习题表14 前方交会计算表

已知数据	A	$x_A = 1\,659.232$ m	$y_A = 2\,355.537$ m	观测值	$\alpha = 69°11'04''$
	B	$x_B = 1\,406.593$ m	$y_B = 2\,654.051$ m		$\beta = 59°42'39''$
未知点 P 坐标	P	$x_P =$	$y_P =$		
已知数据	B	$x_B = 1\,406.593$ m	$y_B = 2\,654.051$ m	观测值	$\alpha = 51°15'22''$
	C	$x_C = 1\,589.736$ m	$y_C = 2\,987.304$ m		$\beta = 76°44'30''$
未知点 P 坐标	P	$x_P =$	$y_P =$		
P 点坐标平均值	P	$x_{P中} =$	$y_{P中} =$		

6. 前方交会观测数据如习题图 12 所示，已知 $x_A = 1\ 659.232$ m，$y_A = 2\ 355.537$ m；$x_B = 1\ 406.593$ m，$y_B = 2\ 654.051$ m；$x_C = 1\ 589.736$ m，$y_C = 2\ 987.304$ m。求 P 点的坐标。

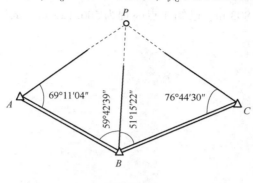

习题图 12

7. 如习题图 12 所示距离交会，已知 $x_A = 1\ 223.453$ m，$y_A = 462.838$ m；$x_B = 770.343$ m，$y_B = 466.648$ m；$x_C = 517.704$ m，$y_C = 765.162$ m；观测数据为：$D_{AP} = 454.081$ m，$D_{BP} = 433.898$ m，$D_{CP} = 469.680$ m。试求 P 点的坐标。

8. 三角高程路线上 AB 边的水平距离为 85.7 m，由 A 向 B 直觇时，竖直角观测值为 $-12°00'09''$，仪器高为 1.561 m，觇标高为 1.949 m。由 B 向 A 反觇时，竖直角观测值为 $+12°22'23''$，觇标高为 1.803 m。已知 A 点高程为 500.123 m，试计算该边的高差 h_{AB} 及 B 点的高程。

9. 现已将外业观测数据和起算点高程填入习题表 15 中，按表格计算 P_1 和 P_2 点的高程。

习题表 15　三角高程测量计算表

所求点	P_1		P_2	
起始点	N_1	N_2	N_3	N_4
觇法	直	反	直	直
D/m	1 170.20	1 170.20	1 119.98	527.52
α	$-4°57'28''$	$+5°15'58''$	$+5°15'04''$	$+5°59'39''$
i/m	1.24	1.43	1.51	1.41
v/m	4.49	4.55	4.50	4.14
f/m				
h/m				
$H_起/m$	584.26	584.26	284.16	331.4
H_P/m				
中数 H_P/m				

10. 根据习题图 13 所给出的四等水准测量数据，将各站的观测数据按四等作业的观测程序填入习题表 16 中，并进行计算。

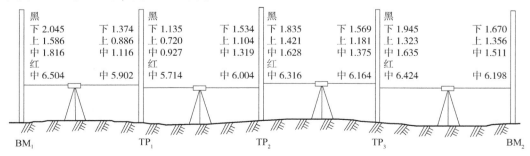

习题图 13（单位：m）

习题表 16　四等水准测量记录表

测点编号	后尺	上丝	前尺	上丝	方向及尺号	水准尺读数 /m		黑+K −红 /mm	高差中数/m	备 注
		下丝		下丝		黑面	红面			
	后视距		前视距							
	视距差 d/m		累计差 Σd/m							
					后尺 K_1					
					前尺 K_2					
					后—前					
					后尺 K_2					
					前尺 K_1					
					后—前					
										$K_1 =$ 4 687
					后尺 K_1					$K_2 =$ 4 787
					前尺 K_2					
					后—前					
					后尺 K_1					
					前尺 K_2					
					后—前					

11. 如习题图 14 所示附合水准路线，已知 BM_1 的高程为 74.053 m，BM_2 的高程为 75.100 m，按四等水准测量的精度要求计算限差，对高差闭合差进行调整，将数据填入习题表 17，并计算各点的高程。

观测数据为：$L_1 = 1\ 120$ m，$L_2 = 560$ m，$L_3 = 840$ m，$L_4 = 700$ m，$h_1 = 1.332$ m，$h_2 = 1.012$ m，$h_3 = -0.243$ m，$h_4 = -1.084$ m。

L 是距离，h 是实测高差。

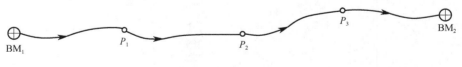

习题图 14

习题表 17 四等水准测量计算表

点名	距离/km	观测高差/m	改正数/m	改正后高差/m	高程/m	备　注
BM$_1$					74.053	
P$_1$						
P$_2$						
P$_3$						
BM$_2$					75.100	
Σ						
计算检核	$f_h =$ $f_{h允} = \pm 20\sqrt{L} =$					

习题五　勾绘等高线

　　根据习题图 15 和习题图 16 的高程点与地性线（实线表示分水线，虚线表示合水线）勾绘等高距为 1 m 的等高线，将计曲线加粗，注记计曲线高程。

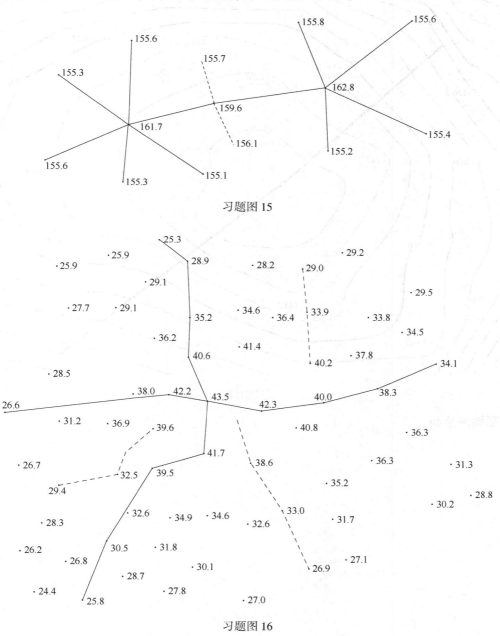

习题图 15

习题图 16

习题六　绘制断面图

如习题图 17 所示，地形图的比例尺为 1∶1 000，等高距为 1 m，绘制 AB 方向的断面图。

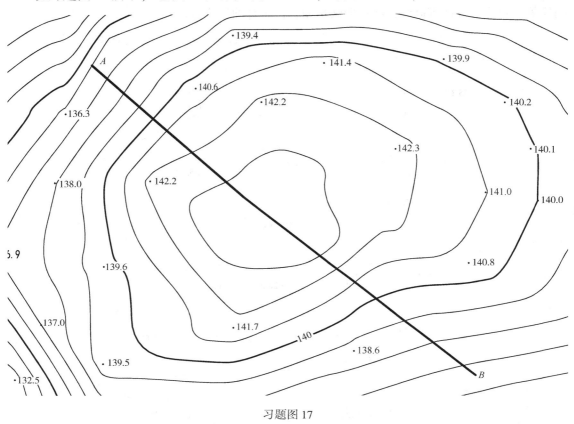

习题图 17

断面图绘制：

习题七　施工测量的基本方法

1. 如习题图 18 所示，施工坐标系原点 O' 在测量坐标系中的坐标是（3 386 380. 725，49 548. 954），施工坐标系相对于测量坐标系顺时针旋转 30°，某点 P 在施工坐标系下的坐标是（106. 534，56. 334），试将该点的施工坐标换算为测量坐标。

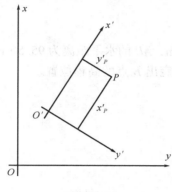

习题图 18

2. 地面上用一般方法测设一个直角 $\angle POQ$，用经纬仪精确测得其角值为 89°59′36″，又知测设 OQ 长度为 50. 000 m，则 Q 点需要移动多大的距离才能得到 90° 角？应如何移动？

3. 利用高程为 7.531 m 的水准点，测设高程为 7.831 的室内 ±0.000 标高。设尺立在水准点上时，按水准仪的水平视线在尺上画一条线，问在该尺的何处再画一条线，才能使视线对准此线时，尺子底部就在 ±0.000 高程位置。

4. 已知 A 点高程为 25.350 m，AB 的水平距离为 95.50 m，AB 的坡度为 -1%，在 B 点设置大木桩，问如何在该木桩上定出 B 点的高程位置。

5. 已知 $\alpha_{MN} = 300°40'$，点 M 的坐标为 M（14.22，86.71）；若要测设坐标为（42.34，85.00）的 A 点，试计算仪器安置在 M 点用极坐标测设 A 点所需的数据。

6. 已知控制点 A、B 和待测设点 P 的坐标分别为 A（1 500.00，2247.36）、B（1 500.00，2 305.56）、P（1 530.00，2 280.50）。现用直角坐标法测设 P 点，试计算测设数据和简述测设步骤，并绘略图表示。

习题八　圆曲线测设计算

1. 如习题图 19 所示，圆曲线的 JD_2 里程桩号 4 + 342.68，偏角 $\alpha = 62°46'48''$，半径 $R = 200$ m，JD_1、JD_2、JD_3 的坐标分别为 （50 357.511，21 430.470）、 （50 595.808，21 722.176）、（50 450.286，22 056.305）。

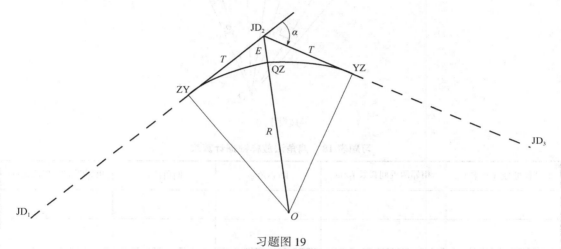

习题图 19

（1）计算圆曲线元素。

切线长　　$T = R \cdot \tan \dfrac{\alpha}{2} =$

曲线长　　$L = R \cdot \alpha \cdot \dfrac{\pi}{180°} =$

外矢距　　$E = \dfrac{R}{\cos \dfrac{\alpha}{2}} - R = R \cdot \left(\sec \dfrac{\alpha}{2} - 1 \right) =$

切曲差　　$q = 2T - L =$

（2）计算主点里程桩号。

ZY 点桩号 = JD 点桩号 − T =
QZ 点桩号 = ZY 点桩号 + L/2 =
YZ 点桩号 = ZY 点桩号 + L =

检核　　　YZ 点桩号 = JD 点桩号 + T − q =

2. 在 ZY 点上设站，整桩距为 20 m，按偏角法放样，如习题图 20 所示，计算各细部点放样数据，并填入习题表 18。

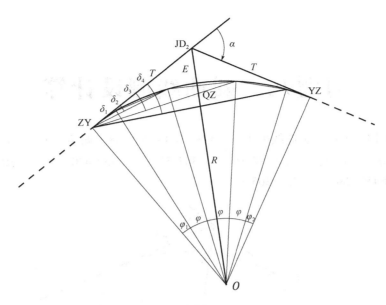

习题图 20

习题表 18 偏角法放样数据计算表

里程桩号（点名）	相邻两桩间弧长 l_i/m	圆心角 φ	偏角值 δ	相邻两桩间弦长 d_i/m

3. 用全站仪或 GNSS-RTK 放样圆曲线，需计算圆曲线主点和细部点坐标（整桩距为 20m）。

计算步骤如下。

（1）根据 JD_1、JD_2、JD_3 坐标和偏角 α 计算 JD_2 至 JD_1、JD_3 及圆心 O 的方位角。

$$\alpha_{2-1} = \arctan\frac{y_1 - y_2}{x_1 - x_2} =$$

$$\alpha_{2-3} = \arctan\frac{y_3 - y_2}{x_3 - x_2} =$$

检核　$\alpha_{2-3} = \alpha_{2-1} \pm (180° - \alpha) =$

$$\alpha_{2-O} = \alpha_{2-1} \pm \frac{180° - \alpha}{2} =$$

在上式中，当线路左偏时，"±"取"+"号；当线路右偏时，"±"取"−"号。

（2）主点 ZY、YZ、QZ 及圆心 O 坐标为

ZY 点坐标　$\begin{cases} x_{zy} = x_2 + T\cos\alpha_{2-1} = \\ y_{zy} = y_2 + T\sin\alpha_{2-1} = \end{cases}$

YZ 点坐标　$\begin{cases} x_{yz} = x_2 + T\cos\alpha_{2-3} = \\ y_{yz} = y_2 + T\sin\alpha_{2-3} = \end{cases}$

QZ 点坐标　$\begin{cases} x_{QZ} = x_2 + E\cos\alpha_{2-O} = \\ y_{QZ} = y_2 + E\sin\alpha_{2-O} = \end{cases}$

圆心 O 点坐标　$\begin{cases} x_O = x_2 + (E + R)\cos\alpha_{2-1} = \\ y_O = y_2 + (E + R)\sin\alpha_{2-1} = \end{cases}$

将主点 ZY、YZ、QZ 点坐标填入习题表 19 中。

（3）计算 ZY 点至圆心 O 方向的方位角。

$$\alpha_{ZY-O} = \alpha_{2-1} \pm 90°$$

式中，当线路左偏时，"±"取"+"号；当线路右偏时，"±"取"−"号。

（4）计算圆心至各细部点的方位角。

圆曲线上各细部点至 ZY 点的弧长为 l_i，其所对应的圆心角 φ_i 可按下式计算：

$$\varphi_i = \frac{180°}{\pi R} \times l_i$$

圆心至各细部点的方位角 α_i 计算公式为

$$\alpha_i = \alpha_{ZY-O} + 180° \pm \varphi_i$$

式中，当线路左偏时，"±"取"−"号；当线路右偏时，"±"取"+"号。

将计算结果填入习题表 19 中。

（5）计算各细部点坐标。

细部点 i 的坐标计算公式为

$\begin{cases} x_i = x_O + R\cos\alpha_i \\ y_i = y_O + R\sin\alpha_i \end{cases}$，将计算结果填入习题表 19 中。

习题表 19　圆曲线放样数据坐标计算表

里程桩号（点名）	细部点至 ZY 点的弧长 l_i	圆心角 φ_i	圆心至各细部点的方位角 α_i	纵坐标 x/m	横坐标 y/m	备　注

习题九　纵断面计算与绘制

根据习题表 20 中的记录数据，计算视线高及测点的高程，填入表中，在坐标纸上绘出纵断面图（0 + 000 桩的设计高程为 87.00，渠道设计坡度为 2‰），或用 CAD 软件绘制。纵断面的距离比例为 1:2 000，高程比例为 1:200。

习题表 20　纵断面测量记录表

测站	点号	后视/m	视线高/m	间视/m	前视/m	高程/m	备　注
1	BM$_1$	1.532				86.263	已知
	TP$_1$	1.365			0.985		
	0 + 000			0.98			
	0 + 020			0.92			
2	TP$_2$	1.456			1.256		
	0 + 040			0.66			
	0 + 060			1.27			
	0 + 080			1.19			
	0 + 100			1.39			
	0 + 120			1.66			
3	TP$_3$	1.356			1.623		
	0 + 140			1.56			
	0 + 160			2.06			
	0 + 180			1.37			
	0 + 200			1.44			
	0 + 220			1.56			
	0 + 240			1.65			
	BM$_2$				1.897		已知为 86.200
检核		$\sum a =$			$\sum b =$	$\sum a - \sum b =$	
		$f_h =$		$f_{h允} = \pm 40\sqrt{L} =$			

习题十 横断图绘制

根据习题表21中的数据，先计算断面点的高程，然后根据习题表21、习题表22中的数据，在坐标纸上或用CAD软件绘制横断面图。

习题表21 水准仪量距法测量横断面记录表

测站	点号	距中桩距离/m	后视/m	视线高/m	前视/m	间视/m	高程/m	备　注
1	0 + 000	0	1.52				0	
	左1	2.5				1.32		
	左2	4.7				1.46		
	左3	6.2				1.67		
	右1	2.2				1.17		
	右2	4.6				1.03		
	右3	6.8				0.89		
2	0 + 050	0	1.64				0	
	左1	2.3				1.42		
	左2	4.6				1.68		
	左3	6.8				1.36		
	右1	1.9				1.35		
	右2	4.8				1.63		
	右3	6.6				1.45		

假设各中桩的高程为0 m。

习题表22 花杆置平法测量横断面记录表

左侧断面			里程桩	右侧断面			
$\dfrac{-1.1}{2.8}$	$\dfrac{-0.6}{2.1}$	$\dfrac{-0.8}{3.0}$	0 + 100	$\dfrac{+0.8}{2.2}$	$\dfrac{+0.5}{3.1}$	$\dfrac{+0.6}{1.9}$	
平 $\dfrac{-0.2}{2.8}$	$\dfrac{-0.4}{2.4}$	$\dfrac{-0.5}{2.5}$	0 + 150	$\dfrac{+0.9}{3.0}$	$\dfrac{+0.6}{2.4}$	$\dfrac{+0.4}{1.2}$	同坡

习题十一 测量误差的基本知识

1. 在相同条件下，用全站仪对已知水平角 α（$\alpha = 45°00'00''$，无误差）做了 12 次观测，其观测结果为

45°00′06″　　44°59′57″　　45°00′00″　　44°59′59″　　45°00′00″　　45°00′02″

45°00′01″　　45°00′03″　　45°00′04″　　44°59′58″　　45°00′01″　　45°00′03″

试求观测值的中误差。

2. 用钢尺丈量两段距离，其丈量结果为 $D_1 = (150.56 \pm 0.03)$ m，$D_2 = (234.45 \pm 0.04)$ m。求：（1）每段距离的相对误差。

（2）两段距离之和的相对中误差。

3. 对正方形的四条边分别进行丈量，各边长观测中误差均为 m，试求正方形周长 S 的中误差。

4. 在一个三角形中，等精度观测了两个内角，其中误差均为 ±5″，求第三个内角的中误差。

5. 已知一测回测角中误差为 ±10″，欲使测角精度达到 ±3″，问至少应观测几个测回？

6. 在 1∶1 000 的地形图上有一长（8.63 ±0.03）cm、宽（3.79 ±0.03）cm 矩形地块，试求该地块的实地面积中误差。

7. 在相同条件下，用仪器对某一水平角 β 进行了 3 次观测，观测值分别为 $\beta_1 = 54°45′34″$，$\beta_2 = 54°45′26″$，$\beta_3 = 54°45′34″$。求水平角 β 的算术平均值及其中误差。

第三部分
附　录

附录 A　《中华人民共和国测绘法》

第一章　总　则

第一条　为了加强测绘管理，促进测绘事业发展，保障测绘事业为经济建设、国防建设、社会发展和生态保护服务，维护国家地理信息安全，制定本法。

第二条　在中华人民共和国领域和中华人民共和国管辖的其他海域从事测绘活动，应当遵守本法。

本法所称测绘，是指对自然地理要素或者地表人工设施的形状、大小、空间位置及其属性等进行测定、采集、表述，以及对获取的数据、信息、成果进行处理和提供的活动。

第三条　测绘事业是经济建设、国防建设、社会发展的基础性事业。各级人民政府应当加强对测绘工作的领导。

第四条　国务院测绘地理信息主管部门负责全国测绘工作的统一监督管理。国务院其他有关部门按照国务院规定的职责分工，负责本部门有关的测绘工作。

县级以上地方人民政府测绘地理信息主管部门负责本行政区域测绘工作的统一监督管理。县级以上地方人民政府其他有关部门按照本级人民政府规定的职责分工，负责本部门有关的测绘工作。

军队测绘部门负责管理军事部门的测绘工作，并按照国务院、中央军事委员会规定的职责分工负责管理海洋基础测绘工作。

第五条　从事测绘活动，应当使用国家规定的测绘基准和测绘系统，执行国家规定的测绘技术规范和标准。

第六条　国家鼓励测绘科学技术的创新和进步，采用先进的技术和设备，提高测绘水平，推动军民融合，促进测绘成果的应用。国家加强测绘科学技术的国际交流与合作。

对在测绘科学技术的创新和进步中做出重要贡献的单位和个人，按照国家有关规定给予奖励。

第七条　各级人民政府和有关部门应当加强对国家版图意识的宣传教育，增强公民的国家版图意识。新闻媒体应当开展国家版图意识的宣传。教育行政部门、学校应当将国家版图意识教育纳入中小学教学内容，加强爱国主义教育。

第八条　外国的组织或者个人在中华人民共和国领域和中华人民共和国管辖的其他海域从事测绘活动，应当经国务院测绘地理信息主管部门会同军队测绘部门批准，并遵守中华人民共和国有关法律、行政法规的规定。

外国的组织或者个人在中华人民共和国领域从事测绘活动，应当与中华人民共和国有关部门或者单位合作进行，并不得涉及国家秘密和危害国家安全。

第二章　测绘基准和测绘系统

第九条　国家设立和采用全国统一的大地基准、高程基准、深度基准和重力基准，其数据由国务院测绘地理信息主管部门审核，并与国务院其他有关部门、军队测绘部门会商后，报国务院批准。

　　第十条　国家建立全国统一的大地坐标系统、平面坐标系统、高程系统、地心坐标系统和重力测量系统，确定国家大地测量等级和精度以及国家基本比例尺地图的系列和基本精度。具体规范和要求由国务院测绘地理信息主管部门会同国务院其他有关部门、军队测绘部门制定。

　　第十一条　因建设、城市规划和科学研究的需要，国家重大工程项目和国务院确定的大城市确需建立相对独立的平面坐标系统的，由国务院测绘地理信息主管部门批准；其他确需建立相对独立的平面坐标系统的，由省、自治区、直辖市人民政府测绘地理信息主管部门批准。

　　建立相对独立的平面坐标系统，应当与国家坐标系统相联系。

　　第十二条　国务院测绘地理信息主管部门和省、自治区、直辖市人民政府测绘地理信息主管部门应当会同本级人民政府其他有关部门，按照统筹建设、资源共享的原则，建立统一的卫星导航定位基准服务系统，提供导航定位基准信息公共服务。

　　第十三条　建设卫星导航定位基准站的，建设单位应当按照国家有关规定报国务院测绘地理信息主管部门或者省、自治区、直辖市人民政府测绘地理信息主管部门备案。国务院测绘地理信息主管部门应当汇总全国卫星导航定位基准站建设备案情况，并定期向军队测绘部门通报。

　　本法所称卫星导航定位基准站，是指对卫星导航信号进行长期连续观测，并通过通信设施将观测数据实时或者定时传送至数据中心的地面固定观测站。

　　第十四条　卫星导航定位基准站的建设和运行维护应当符合国家标准和要求，不得危害国家安全。

　　卫星导航定位基准站的建设和运行维护单位应当建立数据安全保障制度，并遵守保密法律、行政法规的规定。

　　县级以上人民政府测绘地理信息主管部门应当会同本级人民政府其他有关部门，加强对卫星导航定位基准站建设和运行维护的规范和指导。

第三章　基础测绘

　　第十五条　基础测绘是公益性事业。国家对基础测绘实行分级管理。

　　本法所称基础测绘，是指建立全国统一的测绘基准和测绘系统，进行基础航空摄影，获取基础地理信息的遥感资料，测制和更新国家基本比例尺地图、影像图和数字化产品，建立、更新基础地理信息系统。

　　第十六条　国务院测绘地理信息主管部门会同国务院其他有关部门、军队测绘部门组织编制全国基础测绘规划，报国务院批准后组织实施。

　　县级以上地方人民政府测绘地理信息主管部门会同本级人民政府其他有关部门，根据国家和上一级人民政府的基础测绘规划及本行政区域的实际情况，组织编制本行政区域的基础测绘规划，报本级人民政府批准后组织实施。

　　第十七条　军队测绘部门负责编制军事测绘规划，按照国务院、中央军事委员会规定的职责分工负责编制海洋基础测绘规划，并组织实施。

第十八条 县级以上人民政府应当将基础测绘纳入本级国民经济和社会发展年度计划，将基础测绘工作所需经费列入本级政府预算。

国务院发展改革部门会同国务院测绘地理信息主管部门，根据全国基础测绘规划编制全国基础测绘年度计划。

县级以上地方人民政府发展改革部门会同本级人民政府测绘地理信息主管部门，根据本行政区域的基础测绘规划编制本行政区域的基础测绘年度计划，并分别报上一级部门备案。

第十九条 基础测绘成果应当定期更新，经济建设、国防建设、社会发展和生态保护急需的基础测绘成果应当及时更新。

基础测绘成果的更新周期根据不同地区国民经济和社会发展的需要确定。

第四章 界线测绘和其他测绘

第二十条 中华人民共和国国界线的测绘，按照中华人民共和国与相邻国家缔结的边界条约或者协定执行，由外交部组织实施。中华人民共和国地图的国界线标准样图，由外交部和国务院测绘地理信息主管部门拟定，报国务院批准后公布。

第二十一条 行政区域界线的测绘，按照国务院有关规定执行。省、自治区、直辖市和自治州、县、自治县、市行政区域界线的标准画法图，由国务院民政部门和国务院测绘地理信息主管部门拟定，报国务院批准后公布。

第二十二条 县级以上人民政府测绘地理信息主管部门应当会同本级人民政府不动产登记主管部门，加强对不动产测绘的管理。

测量土地、建筑物、构筑物和地面其他附着物的权属界址线，应当按照县级以上人民政府确定的权属界线的界址点、界址线或者提供的有关登记资料和附图进行。权属界址线发生变化的，有关当事人应当及时进行变更测绘。

第二十三条 城乡建设领域的工程测量活动，与房屋产权、产籍相关的房屋面积的测量，应当执行由国务院住房城乡建设主管部门、国务院测绘地理信息主管部门组织编制的测量技术规范。

水利、能源、交通、通信、资源开发和其他领域的工程测量活动，应当执行国家有关的工程测量技术规范。

第二十四条 建立地理信息系统，应当采用符合国家标准的基础地理信息数据。

第二十五条 县级以上人民政府测绘地理信息主管部门应当根据突发事件应对工作需要，及时提供地图、基础地理信息数据等测绘成果，做好遥感监测、导航定位等应急测绘保障工作。

第二十六条 县级以上人民政府测绘地理信息主管部门应当会同本级人民政府其他有关部门依法开展地理国情监测，并按照国家有关规定严格管理、规范使用地理国情监测成果。

各级人民政府应当采取有效措施，发挥地理国情监测成果在政府决策、经济社会发展和社会公众服务中的作用。

第五章 测绘资质资格

第二十七条 国家对从事测绘活动的单位实行测绘资质管理制度。

从事测绘活动的单位应当具备下列条件，并依法取得相应等级的测绘资质证书，方可从事测绘活动：

（一）有法人资格；

（二）有与从事的测绘活动相适应的专业技术人员；

（三）有与从事的测绘活动相适应的技术装备和设施；

（四）有健全的技术和质量保证体系、安全保障措施、信息安全保密管理制度以及测绘成果和资料档案管理制度。

第二十八条 国务院测绘地理信息主管部门和省、自治区、直辖市人民政府测绘地理信息主管部门按照各自的职责负责测绘资质审查、发放测绘资质证书。具体办法由国务院测绘地理信息主管部门商国务院其他有关部门规定。

军队测绘部门负责军事测绘单位的测绘资质审查。

第二十九条 测绘单位不得超越资质等级许可的范围从事测绘活动，不得以其他测绘单位的名义从事测绘活动，不得允许其他单位以本单位的名义从事测绘活动。

测绘项目实行招投标的，测绘项目的招标单位应当依法在招标公告或者投标邀请书中对测绘单位资质等级作出要求，不得让不具有相应测绘资质等级的单位中标，不得让测绘单位低于测绘成本中标。

中标的测绘单位不得向他人转让测绘项目。

第三十条 从事测绘活动的专业技术人员应当具备相应的执业资格条件。具体办法由国务院测绘地理信息主管部门会同国务院人力资源社会保障主管部门规定。

第三十一条 测绘人员进行测绘活动时，应当持有测绘作业证件。

任何单位和个人不得阻碍测绘人员依法进行测绘活动。

第三十二条 测绘单位的测绘资质证书、测绘专业技术人员的执业证书和测绘人员的测绘作业证件的式样，由国务院测绘地理信息主管部门统一规定。

第六章 测 绘 成 果

第三十三条 国家实行测绘成果汇交制度。国家依法保护测绘成果的知识产权。

测绘项目完成后，测绘项目出资人或者承担国家投资的测绘项目的单位，应当向国务院测绘地理信息主管部门或者省、自治区、直辖市人民政府测绘地理信息主管部门汇交测绘成果资料。属于基础测绘项目的，应当汇交测绘成果副本；属于非基础测绘项目的，应当汇交测绘成果目录。负责接收测绘成果副本和目录的测绘地理信息主管部门应当出具测绘成果汇交凭证，并及时将测绘成果副本和目录移交给保管单位。测绘成果汇交的具体办法由国务院规定。

国务院测绘地理信息主管部门和省、自治区、直辖市人民政府测绘地理信息主管部门应当及时编制测绘成果目录，并向社会公布。

第三十四条 县级以上人民政府测绘地理信息主管部门应当积极推进公众版测绘成果的加工和编制工作，通过提供公众版测绘成果、保密技术处理等方式，促进测绘成果的社会化应用。

测绘成果保管单位应当采取措施保障测绘成果的完整和安全，并按照国家有关规定向社会公开和提供利用。

测绘成果属于国家秘密的，适用保密法律、行政法规的规定；需要对外提供的，按照国务院和中央军事委员会规定的审批程序执行。

测绘成果的秘密范围和秘密等级，应当依照保密法律、行政法规的规定，按照保障国家秘密安全、促进地理信息共享和应用的原则确定并及时调整、公布。

第三十五条　使用财政资金的测绘项目和涉及测绘的其他使用财政资金的项目，有关部门在批准立项前应当征求本级人民政府测绘地理信息主管部门的意见；有适宜测绘成果的，应当充分利用已有的测绘成果，避免重复测绘。

第三十六条　基础测绘成果和国家投资完成的其他测绘成果，用于政府决策、国防建设和公共服务的，应当无偿提供。

除前款规定情形外，测绘成果依法实行有偿使用制度。但是，各级人民政府及有关部门和军队因防灾减灾、应对突发事件、维护国家安全等公共利益的需要，可以无偿使用。

测绘成果使用的具体办法由国务院规定。

第三十七条　中华人民共和国领域和中华人民共和国管辖的其他海域的位置、高程、深度、面积、长度等重要地理信息数据，由国务院测绘地理信息主管部门审核，并与国务院其他有关部门、军队测绘部门会商后，报国务院批准，由国务院或者国务院授权的部门公布。

第三十八条　地图的编制、出版、展示、登载及更新应当遵守国家有关地图编制标准、地图内容表示、地图审核的规定。

互联网地图服务提供者应当使用经依法审核批准的地图，建立地图数据安全管理制度，采取安全保障措施，加强对互联网地图新增内容的核校，提高服务质量。

县级以上人民政府和测绘地理信息主管部门、网信部门等有关部门应当加强对地图编制、出版、展示、登载和互联网地图服务的监督管理，保证地图质量，维护国家主权、安全和利益。

地图管理的具体办法由国务院规定。

第三十九条　测绘单位应当对完成的测绘成果质量负责。县级以上人民政府测绘地理信息主管部门应当加强对测绘成果质量的监督管理。

第四十条　国家鼓励发展地理信息产业，推动地理信息产业结构调整和优化升级，支持开发各类地理信息产品，提高产品质量，推广使用安全可信的地理信息技术和设备。

县级以上人民政府应当建立健全政府部门间地理信息资源共建共享机制，引导和支持企业提供地理信息社会化服务，促进地理信息广泛应用。

县级以上人民政府测绘地理信息主管部门应当及时获取、处理、更新基础地理信息数据，通过地理信息公共服务平台向社会提供地理信息公共服务，实现地理信息数据开放共享。

第七章　测量标志保护

第四十一条　任何单位和个人不得损毁或者擅自移动永久性测量标志和正在使用中的临时性测量标志，不得侵占永久性测量标志用地，不得在永久性测量标志安全控制范围内从事危害测量标志安全和使用效能的活动。

本法所称永久性测量标志，是指各等级的三角点、基线点、导线点、军用控制点、重力点、天文点、水准点和卫星定位点的觇标和标石标志，以及用于地形测图、工程测量和形变测量的固定标志和海底大地点设施。

第四十二条 永久性测量标志的建设单位应当对永久性测量标志设立明显标记，并委托当地有关单位指派专人负责保管。

第四十三条 进行工程建设，应当避开永久性测量标志；确实无法避开，需要拆迁永久性测量标志或者使永久性测量标志失去使用效能的，应当经省、自治区、直辖市人民政府测绘地理信息主管部门批准；涉及军用控制点的，应当征得军队测绘部门的同意。所需迁建费用由工程建设单位承担。

第四十四条 测绘人员使用永久性测量标志，应当持有测绘作业证件，并保证测量标志的完好。

保管测量标志的人员应当查验测量标志使用后的完好状况。

第四十五条 县级以上人民政府应当采取有效措施加强测量标志的保护工作。

县级以上人民政府测绘地理信息主管部门应当按照规定检查、维护永久性测量标志。

乡级人民政府应当做好本行政区域内的测量标志保护工作。

第八章 监督管理

第四十六条 县级以上人民政府测绘地理信息主管部门应当会同本级人民政府其他有关部门建立地理信息安全管理制度和技术防控体系，并加强对地理信息安全的监督管理。

第四十七条 地理信息生产、保管、利用单位应当对属于国家秘密的地理信息的获取、持有、提供、利用情况进行登记并长期保存，实行可追溯管理。

从事测绘活动涉及获取、持有、提供、利用属于国家秘密的地理信息，应当遵守保密法律、行政法规和国家有关规定。

地理信息生产、利用单位和互联网地图服务提供者收集、使用用户个人信息的，应当遵守法律、行政法规关于个人信息保护的规定。

第四十八条 县级以上人民政府测绘地理信息主管部门应当对测绘单位实行信用管理，并依法将其信用信息予以公示。

第四十九条 县级以上人民政府测绘地理信息主管部门应当建立健全随机抽查机制，依法履行监督检查职责，发现涉嫌违反本法规定行为的，可以依法采取下列措施：

（一）查阅、复制有关合同、票据、账簿、登记台账以及其他有关文件、资料；

（二）查封、扣押与涉嫌违法测绘行为直接相关的设备、工具、原材料、测绘成果资料等。

被检查的单位和个人应当配合，如实提供有关文件、资料，不得隐瞒、拒绝和阻碍。

任何单位和个人对违反本法规定的行为，有权向县级以上人民政府测绘地理信息主管部门举报。接到举报的测绘地理信息主管部门应当及时依法处理。

第九章 法律责任

第五十条 违反本法规定，县级以上人民政府测绘地理信息主管部门或者其他有关部门工作人员利用职务上的便利收受他人财物、其他好处或者玩忽职守，对不符合法定条件的单位核发测绘资质证书，不依法履行监督管理职责，或者发现违法行为不予查处的，对负有责任的领导人员和直接责任人员，依法给予处分；构成犯罪的，依法追究刑事责任。

第五十一条 违反本法规定，外国的组织或者个人未经批准，或者未与中华人民共和国有关部门、单位合作，擅自从事测绘活动的，责令停止违法行为，没收违法所得、测绘成果和测绘工具，并处十万元以上五十万元以下的罚款；情节严重的，并处五十万元以上一百万元以下的罚款，限期出境或者驱逐出境；构成犯罪的，依法追究刑事责任。

第五十二条　违反本法规定，未经批准擅自建立相对独立的平面坐标系统，或者采用不符合国家标准的基础地理信息数据建立地理信息系统的，给予警告，责令改正，可以并处五十万元以下的罚款；对直接负责的主管人员和其他直接责任人员，依法给予处分。

第五十三条　违反本法规定，卫星导航定位基准站建设单位未报备案的，给予警告，责令限期改正；逾期不改正的，处十万元以上三十万元以下的罚款；对直接负责的主管人员和其他直接责任人员，依法给予处分。

第五十四条　违反本法规定，卫星导航定位基准站的建设和运行维护不符合国家标准、要求的，给予警告，责令限期改正，没收违法所得和测绘成果，并处三十万元以上五十万元以下的罚款；逾期不改正的，没收相关设备；对直接负责的主管人员和其他直接责任人员，依法给予处分；构成犯罪的，依法追究刑事责任。

第五十五条　违反本法规定，未取得测绘资质证书，擅自从事测绘活动的，责令停止违法行为，没收违法所得和测绘成果，并处测绘约定报酬一倍以上二倍以下的罚款；情节严重的，没收测绘工具。

以欺骗手段取得测绘资质证书从事测绘活动的，吊销测绘资质证书，没收违法所得和测绘成果，并处测绘约定报酬一倍以上二倍以下的罚款；情节严重的，没收测绘工具。

第五十六条　违反本法规定，测绘单位有下列行为之一的，责令停止违法行为，没收违法所得和测绘成果，处测绘约定报酬一倍以上二倍以下的罚款，并可以责令停业整顿或者降低测绘资质等级；情节严重的，吊销测绘资质证书：

（一）超越资质等级许可的范围从事测绘活动；

（二）以其他测绘单位的名义从事测绘活动；

（三）允许其他单位以本单位的名义从事测绘活动。

第五十七条　违反本法规定，测绘项目的招标单位让不具有相应资质等级的测绘单位中标，或者让测绘单位低于测绘成本中标的，责令改正，可以处测绘约定报酬二倍以下的罚款。招标单位的工作人员利用职务上的便利，索取他人财物，或者非法收受他人财物为他人谋取利益的，依法给予处分；构成犯罪的，依法追究刑事责任。

第五十八条　违反本法规定，中标的测绘单位向他人转让测绘项目的，责令改正，没收违法所得，处测绘约定报酬一倍以上二倍以下的罚款，并可以责令停业整顿或者降低测绘资质等级；情节严重的，吊销测绘资质证书。

第五十九条　违反本法规定，未取得测绘执业资格，擅自从事测绘活动的，责令停止违法行为，没收违法所得和测绘成果，对其所在单位可以处违法所得二倍以下的罚款；情节严重的，没收测绘工具；造成损失的，依法承担赔偿责任。

第六十条　违反本法规定，不汇交测绘成果资料的，责令限期汇交；测绘项目出资人逾期不汇交的，处重测所需费用一倍以上二倍以下的罚款；承担国家投资的测绘项目的单位逾期不汇交的，处五万元以上二十万元以下的罚款，并处暂扣测绘资质证书，自暂扣测绘资质证书之日起六个月内仍不汇交的，吊销测绘资质证书；对直接负责的主管人员和其他直接责任人员，依法给予处分。

第六十一条 违反本法规定，擅自发布中华人民共和国领域和中华人民共和国管辖的其他海域的重要地理信息数据的，给予警告，责令改正，可以并处五十万元以下的罚款；对直接负责的主管人员和其他直接责任人员，依法给予处分；构成犯罪的，依法追究刑事责任。

第六十二条 违反本法规定，编制、出版、展示、登载、更新的地图或者互联网地图服务不符合国家有关地图管理规定的，依法给予行政处罚、处分；构成犯罪的，依法追究刑事责任。

第六十三条 违反本法规定，测绘成果质量不合格的，责令测绘单位补测或者重测；情节严重的，责令停业整顿，并处降低测绘资质等级或者吊销测绘资质证书；造成损失的，依法承担赔偿责任。

第六十四条 违反本法规定，有下列行为之一的，给予警告，责令改正，可以并处二十万元以下的罚款；对直接负责的主管人员和其他直接责任人员，依法给予处分；造成损失的，依法承担赔偿责任；构成犯罪的，依法追究刑事责任：

（一）损毁、擅自移动永久性测量标志或者正在使用中的临时性测量标志；

（二）侵占永久性测量标志用地；

（三）在永久性测量标志安全控制范围内从事危害测量标志安全和使用效能的活动；

（四）擅自拆迁永久性测量标志或者使永久性测量标志失去使用效能，或者拒绝支付迁建费用；

（五）违反操作规程使用永久性测量标志，造成永久性测量标志毁损。

第六十五条 违反本法规定，地理信息生产、保管、利用单位未对属于国家秘密的地理信息的获取、持有、提供、利用情况进行登记、长期保存的，给予警告，责令改正，可以并处二十万元以下的罚款；泄露国家秘密的，责令停业整顿，并处降低测绘资质等级或者吊销测绘资质证书；构成犯罪的，依法追究刑事责任。

违反本法规定，获取、持有、提供、利用属于国家秘密的地理信息的，给予警告，责令停止违法行为，没收违法所得，可以并处违法所得二倍以下的罚款；对直接负责的主管人员和其他直接责任人员，依法给予处分；造成损失的，依法承担赔偿责任；构成犯罪的，依法追究刑事责任。

第六十六条 本法规定的降低测绘资质等级、暂扣测绘资质证书、吊销测绘资质证书的行政处罚，由颁发测绘资质证书的部门决定；其他行政处罚，由县级以上人民政府测绘地理信息主管部门决定。

本法第五十一条规定的限期出境和驱逐出境由公安机关依法决定并执行。

第十章 附 则

第六十七条 军事测绘管理办法由中央军事委员会根据本法规定。

第六十八条 本法自 2017 年 7 月 1 日起施行。

附录 B 《工程测量员国家职业标准》(节选)

2. 基 本 要 求

2.1 职业道德

2.1.1 职业道德基本知识

2.1.2 职业守则

遵纪守法、爱岗敬业、团结协作、精益求精。

2.2 基础知识

2.2.1 测量基础知识

(1) 地面点定位知识。

(2) 平面、高程测量知识。

(3) 测量数据处理知识。

(4) 测量仪器设备知识。

(5) 地形图及其测绘知识。

2.2.2 计算机基本知识

2.2.3 安全生产常识

(1) 劳动保护常识。

(2) 仪器设备的使用常识。

(3) 野外安全生产常识。

(4) 资料的保管常识。

2.2.4 相关法律、法规知识

(1) 《中华人民共和国劳动法》相关知识。

(2) 《中华人民共和国测绘法》相关知识。

(3) 其他有关法律、法规及技术标准的基本常识。

3. 工 作 要 求

本标准对初级、中级、高级工程测量员,工程测量技师和高级技师的技能要求依次递进,高级别涵盖低级别的要求。

3.1 初级工程测量员

职业功能	工作内容	技 能 要 求	相 关 知 识
一、准备	(一) 资料准备	1. 能理解工程的测量范围和内容 2. 能理解测量工作的基本技术要求	1. 各种工程控制网的布点规则 2. 地形图、工程图的分幅与编号规则
	(二) 仪器准备	能进行常用仪器设备的准备	常用仪器设备的型号和性能常识

职业功能	工作内容	技 能 要 求	相 关 知 识
二、测量	（一）控制测量	1. 能进行图根导线选点、观测、记录 2. 能进行图根水准观测、记录 3. 能进行平面、高程等级测量中前后视的仪器安置或立尺（镜）	1. 水准测量、水平角与垂直角测量和距离测量知识 2. 导线测量知识 3. 常用仪器设备的操作知识
	（二）工程与地形测量	1. 能进行工程放样、定线中的前视定点 2. 能进行地形图、纵横断面图和水下地形测量的立尺 3. 能现场绘制草图、放样点的点之记	1. 施工放样的基本知识 2. 角度、长度、高度的施工放样方法 3. 地形图的内容与用途及图式符号的知识
三、数据处理	（一）数据整理	1. 能进行外业观测数据的检查 2. 能进行外业观测数据的整理	水平角、垂直角、距离测量和放样的记录规则及观测限差要求
	（二）计算	1. 能进行图根导线、水准测量线路的成果计算 2. 能进行坐标正、反算及简单放样数据的计算	1. 图根导线、水准测量平差计算知识 2. 坐标、方位角及距离计算知识
四、仪器设备维护	仪器设备的使用与维护	1. 能进行经纬仪、水准仪、光学对中器、钢卷尺、水准尺的日常维护 2. 能进行电子计算器的使用与维护	常用测量仪器工具的种类及保养知识

3.2　中级工程测量员

职业功能	工作内容	技 能 要 求	相 关 知 识
一、准备	（一）资料准备	1. 能根据工程需要，收集、利用已有资料 2. 能核对所收集资料的正确性及准确性	1. 平面、高程控制网的布网原则、测量方法及精度指标的知识 2. 大比例尺地形图的成图方法及成图精度指标的知识
	（二）仪器准备	1. 能按工程需要准备仪器设备 2. 能对 DJ2 型光学经纬仪、DS3 型水准仪进行常规检验与校正	1. 常用测量仪器的基本结构、主要性能和精度指标的知识 2. 常用测量仪器检校的知识
二、测量	（一）控制测量	1. 能进行一、二、三级导线测量的选点、埋石、观测、记录 2. 能进行三、四等精密水准测量的选点、埋石、观测、记录	1. 测量误差的概念 2. 导线、水准和光电测距测量的主要误差来源及其减弱措施的知识 3. 相应等级导线、水准测量记录要求与各项限差规定的知识
	（二）工程测量	1. 能进行各类工程细部点的放样、定线、验测的观测、记录 2. 能进行地下管线外业测量、记录 3. 能进行变形测量的观测、记录	1. 各类工程细部点测设方法的知识 2. 地下管线测量的施测方法及主要操作流程 3. 变形观测的方法、精度要求和观测频率的知识
	（三）地形测量	1. 能进行一般地区大比例尺地形图测图 2. 能进行纵横断面图测图	1. 大比例尺地形图测图知识 2. 地形测量原理及工作流程知识 3. 地形图图式符号运用的知识

职业功能	工作内容	技 能 要 求	相 关 知 识
三、数据处理	（一）数据整理	1. 能进行一、二、三级导线观测数据的检查与资料整理 2. 能进行三、四等精密水准观测数据的检查与资料整理	1. 等级导线测量成果计算和精度评定的知识 2. 等级水准路线测量成果计算和精度评定的知识
	（二）计算	1. 能进行导线、水准测量的单结点平差计算与成果整理 2. 能进行不同平面直角坐标系间的坐标换算 3. 能进行放样数据、圆曲线和缓和曲线元素的计算	1. 导线、水准线路单结点平差计算知识 2. 城市坐标与厂区坐标的基本原理和换算的知识 3. 圆曲线、缓和曲线的测设原理和计算的知识
四、仪器设备维护	仪器设备使用与维护	1. 能进行 DJ2、DJ6 经纬仪、精密水准仪、精密水准尺的使用及日常维护 2. 能进行光电测距仪的使用和日常维护 3. 能进行温度计、气压计的使用与日常维护 4. 能进行袖珍计算机的使用和日常维护	1. 各种测绘仪器设备的安全操作规程与保养知识 2. 电磁波测距仪的测距原理、仪器结构和使用与保养的知识 3. 温度计、气压计的读数方法与维护知识 4. 袖珍计算机的安全操作与保养知识

3.3 高级工程测量员

职业功能	工作内容	技 能 要 求	相 关 知 识
一、准备	（一）资料准备	1. 能根据各种施工控制网的特点进行图纸、起算数据的准备 2. 能根据工程放样方法的要求准备放样数据	1. 施工控制网的基本知识 2. 工程测量控制网的布网方案、施测方法及主要技术要求的知识 3. 工程放样方法与数据准备知识
	（二）仪器准备	能根据各种工程的特殊需要进行陀螺经纬仪、回声测深仪、液体静力水准仪或激光铅直仪等仪器设备准备和常规检验	陀螺经纬仪、回声测深仪、液体静力水准仪或激光铅直仪等仪器设备的工作原理、仪器结构和检验知识
二、测量	（一）控制测量	1. 能进行各类工程测量施工控制网的选点、埋石 2. 能进行各类工程测量施工控制网的水平角、垂直角和边长测量的观测、记录 3. 能进行各种工程施工高程控制测量网的布设和观测、记录 4. 能进行地下隧道工程控制导线的选点、埋石和观测、记录	1. 测量误差产生的原因及其分类的知识 2. 水准、水平角、垂直角、光电测距仪观测的误差来源及其减弱措施的知识 3. 工程测量细部放样网的布网原则、施测方法及主要技术要求 4. 高程控制测量网的布设方案及测量的知识 5. 地下导线控制测量的知识 6. 工程施工控制网观测的记录和限差要求的知识

续表

职业功能	工作内容	技 能 要 求	相 关 知 识
二、测量	（二）工程测量	1. 能进行各类工程建、构筑物方格网轴线测设、放样及规划改正的测量、记录 2. 能进行各种线路工程中线测量的测设、验线和调整 3. 能进行圆曲线、缓和曲线的测设、记录 4. 能进行地下贯通测量的施测和贯通误差的调整	1. 各类工程建、构筑物方格网轴线测设及规划改正的知识 2. 各种线路工程测量的知识 3. 地下工程贯通测量的知识 4. 各种圆曲线、缓和曲线测设方法的知识 5. 贯通误差概念和误差调整的知识
	（三）地形测量	1. 能进行大比例尺地形图测绘 2. 能进行水下地形测绘	1. 数字化成图的知识 2. 水下地形测量的施测方法
三、数据处理	（一）数据整理	1. 能进行各类工程施工控制网观测的检查与整理 2. 能进行各类工程施工控制网轴线测设、放样及规划改正测量的检查与整理 3. 能进行各种线路工程中线测量的测设、验线和调整的检查与整理	各种轴线、中线测设、调整测量的计算知识
	（二）计算	1. 能进行各种导线网、水准网的平差计算及精度评定 2. 能进行轴线测设与细部放样数据准备的平差计算 3. 能进行地下管线测量的计算与资料整理 4. 能进行变形观测资料的整编	1. 高斯投影的基本知识 2. 衡量测量成果精度的指标 3. 地下管线测量数据处理的相关知识 4. 变形观测资料整编的知识
四、质量检查与技术指导	（一）控制测量检验	1. 能进行各等级导线、水准测量的观测、计算成果的检查 2. 能进行各种工程施工控制网观测成果的检查	1. 各等级导线、水准测量精度指标、质量要求和成果整理的知识 2. 各种工程施工控制网观测成果的限差规定、质量要求
	（二）工程测量检验	1. 能进行各类工程细部点放样的数据检查与现场验测 2. 能进行地下管线测量的检查 3. 能进行变形观测成果的检查	1. 各类工程细部点放样验算方法和精度要求的知识 2. 地下管线测量技术规程、质量要求和检查方法的知识 3. 变形观测成果计算、精度指标和质量要求的知识
	（三）地形测量检验	1. 能进行各种比例尺地形图测绘的检查 2. 能进行纵横断面图测绘的检查 3. 能进行各种比例尺水下地形测量的检查	1. 地形图测绘的精度指标、质量要求的知识 2. 纵横断面图测绘的精度指标、质量要求的知识 3. 水下地形测量的精度要求、施测方法和检查方法的知识
	（四）技术指导	能在测量作业过程中对低级别工程测量员进行技术指导	在作业现场进行技术指导的知识

职业功能	工作内容	技 能 要 求	相 关 知 识
五、仪器设备维护	仪器设备使用与维护	1. 能进行精密经纬仪、精密水准仪、光电测距仪、全站型电子经纬仪的使用和日常保养 2. 能进行电子计算机的操作使用和日常维护 3. 能进行各种电子仪器设备的常规操作及相互间的数据传输	1. 各种精密测绘仪器的性能、结构及保养常识 2. 电子计算机操作与维护保养知识 3. 各种电子仪器的操作与数据传输知识

3.4 工程测量技师

职业功能	工作内容	技 能 要 求	相 关 知 识
一、方案制定	方案制定	1. 能根据工程特点制定各类工程测量控制网施测方案 2. 能按照实际需要制定变形观测的方法与精度的方案 3. 能根据现场条件制定竖井定向联系测量施测方法、图形、定向精度的方案 4. 能根据工程特点制定施工放样方法与精度要求的方案 5. 能制定特种工程测量控制网的布设方案与技术要求	1. 运用误差理论对主要测量方法（导线测量、水准测量、三角测量等）进行精度分析与估算的知识 2. 确定主要工程测量控制网精度的知识 3. 变形观测方法与精度规格确定的知识 4. 地下控制测量的特点、施测方法及精度设计的知识 5. 联系三角形定向精度及最有利形状的知识 6. 施工放样方法的精度分析及选择 7. 特种工程测量控制网的布设与精度要求的知识
二、测量	（一）控制测量	能进行各种工程测量控制网布设的组织与实施	工程控制网布设生产流程与生产组织知识
	（二）工程测量	1. 能进行各种工程轴线（中线）测设的组织与实施 2. 能进行各种工程施工放样测量的组织与实施 3. 能进行地下工程测量的组织与实施 4. 能进行特种工程测量的组织与实施	1. 各类工程建设项目对测量工作的要求 2. 工程建设各阶段测量工作内容的知识
	（三）地形测量	能进行大比例尺地形图、纵横断面图和水下地形测绘的组织与实施	地形测量生产组织与管理的知识
三、数据处理	数据处理	1. 能进行控制测量三角网、边角网的平差计算和精度评定 2. 能进行各种工程测量控制网的平差计算和精度评定	1. 各种测量控制网平差计算的知识 2. 各种测量控制网精度评定的方法

职业功能	工作内容	技 能 要 求	相 关 知 识
四、质量检验与技术指导	（一）控制测量检验	1. 能进行各等级导线网、水准网测量成果的检验、精度评定与资料整理 2. 能进行各种工程施工控制网测量成果的检验、精度评定与资料整理	1. 各等级导线网、水准网质量检查验收标准 2. 各种工程施工控制网的质量检查验收标准
	（二）工程测量检验	1. 能进行各种工程轴线（中线）测设的数据检查与现场验测 2. 能进行地下管线测量成果的检验 3. 能进行变形观测成果的检验	1. 各种工程轴线（中线）的检验方法和精度要求的知识 2. 地下管线测量的质量验收标准 3. 变形观测资料质量验收标准
	（三）地形测量检验	1. 能进行各种比例尺地形图测绘的检验 2. 能进行纵横断面图测绘的检验 3. 能进行各种比例尺水下地形测量的检验	1. 各种比例尺地形图精度分析知识 2. 各种比例尺地形图测绘质量检验标准 3. 纵横断面图测绘的质量检验标准 4. 水下地形测量的质量检查验收标准
	（四）技术指导与培训	1. 能根据工程特点与难点对低级别工程测量员进行具体技术指导 2. 能根据培训计划与内容进行技术培训的授课 3. 能撰写本专业的技术报告	1. 技术指导与技术培训的基本知识 2. 撰写技术报告的知识
五、仪器设备维护	仪器设备使用与维护	1. 能进行各种测绘仪器设备的常规检校 2. 能制定常用测量仪器的检定、保养及使用制度	1. 测绘仪器设备管理知识 2. 各种测量仪器检校的知识

3.5 工程测量高级技师

职业功能	工作内容	技 能 要 求	相 关 知 识
一、技术设计	技术设计	1. 能根据工程项目特点编制各类工程测量技术设计书 2. 能根据测区情况和成图方法的不同要求编制各种比例尺地形图测绘技术设计书 3. 能根据工程的具体情况与工程要求编制变形观测的技术设计书 4. 能编制特种工程测量技术设计书	1. 工程测量技术管理规定 2. 工程测量技术设计书编写知识
二、测量	（一）控制测量	能根据规范与有关技术规定的要求对工程控制网测量中的疑难技术问题提出解决方案	规范与有关技术规定的知识
	（二）工程测量	能根据工程建设实际需要对工程测量中的技术问题提出解决方案	工程管理的基本知识
	（三）地形测量	能根据测区自然地理条件或工程建设要求对各种比例尺地形图的地物、地貌表示提出解决方案	地形图测绘技术管理规定

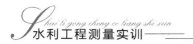

职业功能	工作内容	技 能 要 求	相 关 知 识
三、数据处理	数据处理	1. 能进行工程测量控制网精度估算与优化设计 2. 能进行建筑物变形观测值的统计与分析	1. 测量控制网精度估算与优化设计的知识 2. 建筑物变形观测值的统计与分析知识
四、质量审核与技术指导	（一）质量审核与验收	1. 能进行各类工程测量成果的审核与验收 2. 能进行各种成图方法与比例尺地形图测绘成果资料的审核与验收 3. 能进行建筑物变形观测成果整编的审核与验收 4. 能根据各类成果资料审核与验收的具体情况编写观测测量的技术报告	1. 工程测量成果审核与验收技术规定的知识 2. 地形图测绘成果验收技术规定的知识 3. 建筑物变形观测成果资料验收技术规定的知识 4. 编写测量成果验收技术报告的知识
	（二）技术指导与培训	1. 能根据工程测量作业中遇到的疑难问题对低等级工程测量员进行技术指导 2. 能根据本单位实际情况制定技术培训规划并编写培训计划	制定技术培训规划的知识

参 考 文 献

[1] 武汉测绘科技大学《测量学》编写组．测量学［M］．北京：测绘出版社，2000.

[2] 张东明．测绘基础［M］．武汉：武汉大学出版社，2014.

[3] 谢跃进，于春娟．测量学基础［M］．郑州：黄河水利出版社，2012.

[4] 王金玲．工程测量［M］．武汉：武汉大学出版社，2013.

[5] 蓝善勇，刘凯，陆鹏，等．水利工程测量［M］．北京：中国水利水电出版社，2014.

[6] 张国辉．工程测量使用技术手册［M］．北京：中国建材工业出版社，2009.

[7] 何保喜．全站仪测量技术［M］．郑州：黄河水利出版社，2016.

[8] 任伟．建筑工程测量［M］．武汉：武汉理工大学出版社，2015.

[9] 周建郑．GNSS 定位测量［M］．北京：测绘出版社，2014.

[10] 赵玉肖．工程测量［M］．北京：北京理工大学出版社，2012.

[11] 窦如令．建筑工程测量及实训教程［M］．武汉：武汉理工大学出版社，2015.

[12] 靳祥生．水利工程测量［M］．郑州：黄河水利出版社，2008.

[13] 牛志宏．测量平差［M］．北京：中国电力出版社，2012.

[14] 李长城．工程测量实训指导［M］．北京：北京理工大学出版社，2010.

[15] 李行洋．测量平差基础［M］．北京：中国水利水电出版社，2011.

[16] 杨中利，汪仁银．工程测量［M］．北京：中国水利水电出版社，2007.

[17] 华锡生，田林亚．测量学［M］．南京：河海大学出版社，2003.

[18] 中华人民共和国国家标准．工程测量规范：GB 50026—2007［S］．北京：中国计划出版社，2008.

[19] 中华人民共和国国家标准．国家三、四等水准测量规范：GB/T 12898—2009［S］．北京：中国标准出版社，2009.

[20] 中华人民共和国水利部．水利水电施工测量规范：SL 52—2015［M］．北京：中国电力出版社，2015.

[21] 中华人民共和国国家标准．国家基本比例尺地图图式 第 1 部分：1∶500 1∶1000 1∶2000 地形图图式：GB/T 20257.1—2017［S］．北京：中国标准出版社，2017.